身近な

子どもと一緒に見つける

生きものさんぽ図鑑

監修：NPO法人自然観察大学

永岡書店

はじめに

今度散歩にでかけたら、
途中ちょっとの間
立ち止まってみましょう。

屋根の上や木を見上げたり、
道ばたに咲く花に顔を近づけたり、
しゃがんで地面を観察したり、
小川や池の水の中をのぞいたり、
耳を澄まして
自然の音を聞いたりすれば、
そこにはきっと
生きものの気配があります。

私たちの周りには、
驚くほどたくさんの種類の
生きものがいます。
色も形も大きさもすべて違いますが
すべてがひとつの命。

すべてが地球の上で私たち人間と
一緒に暮らしている
「生きもの」という同じ仲間です。

本書が生きものへの興味を広げる
第一歩となることを願っています。

生きものを観察しよう

生きものを、大きく4つに分けて紹介しています。

鳥

P.17 P.76

家の周りから湖や池で見られる身近の鳥を
50種類紹介します。

ほ乳類とは虫類

P.209〜P.226

出合えたらうれしい野生のほ乳類とは虫類を14種類紹介。

いつものお散歩で

本書では身近で見られる200種類の

昆虫とクモ、小さな生きもの

P.77〜P.208

100種類の昆虫に加え、クモやカタツムリなどの
身近な小さな生きもの17種類を紹介します。

両生類と水辺で見られる生きもの

P.227〜P.249

19種類の水の周りと水の中の生きものを紹介。

本書の使い方

本書では散歩の途中に出合うことがある生きもの200種を種類別に分類し、鳥と昆虫はさらに生息地別に分けて掲載しています。各ページは、生きものについての基本的な説明と「コラム」「観察ポイント」の追加情報で構成されています。

鳥　ビル街、住宅地の鳥

分類　スズメ目ハタオリドリ科
大きさ　15㎝
分布　北海道～南西諸島
時期　通年

スズメ ●留鳥

出合い度 ★★★★★

誰もが知っている「チュンチュン」の鳴き声

人家の周りに生息しているもっとも身近な野鳥で、北海道から沖縄まで分布しています。姿や鳴き声が愛くるしく、昔話に登場したり、童謡に歌われたりして、日本人に古くから親しまれています。オス、メスの外見の違いはありません。食性は雑食で、昆虫やクモをはじめ、太くて短いくちばしで雑草や穀物の種子を食べます。警戒心が強く人が近づくとすぐに逃げますが、巣を作るのは家の屋根の下やビルのちょっとした隙間など、人の生活圏の中です。

観察ポイント

えさ台を作ってみよう

野鳥を身近で見る一番手軽な方法はえさ台や水場を作り、そこに集まる鳥を観察すること。どの季節に、どんなえさを置くかで集まる鳥が変わってきます。またたくさんの種類が集まるので、鳥同士の力関係を知ることができます。例えば大きなヒヨドリ（→P.27）がスズメを蹴散らしてえさをひとり占めにする様子が観察できたりします。

えさ台に集まるスズメ

●21

説明本文

生きものの特徴や名前の由来などをわかりやすく解説しています。

関連用語解説

[渡り鳥]
(→ P.19)

[繁殖、繁殖期]
子どもを産み、育てること。またその行動が行われている期間。

[つがい]
オスとメスのカップル。

[食性]
どんな種類の食べ物を食べるか、またその習性。

[縄張り]
えさを確保したり、繁殖したりするために、自らが占有しようとする空間（テリトリー）。

[ふ化]
卵から出て、幼虫になること。鳥の場合、卵からひながかえること。

[羽化]
さなぎや幼虫から成虫になること。

[変態]
成長の過程で体の形が変わること（→ P.79）。

[脱皮]
成長する過程で、体の周りを覆う硬い皮がはがれること。

[擬態]
体の形や色、模様などを別の生きものや植物に似せて、攻撃されないようにすること。

[外来種]
もともと日本に生息していなかった生きもの。もとから日本に生息している生きものは「在来種」。

身近な場所で見られる
さまざまな種類の
生きものを
カラー写真で紹介!

基本データ（詳しい説明は→ P.8 ～ 9）

[分類] 生物学上の分類
[大きさ] 生きものの体の大きさ
[分布] 日本のどの地域で見られるかの目安
[時期] 各生きものが見られる季節的な目安

生きものの種類

鳥、昆虫（クモ、家の周りで見られる小さな生きもの）、ほ乳類・は虫類、両生類・水辺の生きもの（魚類や甲殻類、貝など）を色分けしています。

メイン写真

色や模様や形など、生きものの特徴がわかりやすい写真を選んでいます。水中の生きものをのぞき、自然で見られる状態の写真です。

生きものの名前

国内で使われている一般的な名称です。基本的に固有種の名称ですが、一部固有種ではなく種類の名前もあります。

出合い度

その生きものに出合える確率を「出合い度」として、5段階で表しています。星の数が多いほど、出合う確率が高いという意味です。

コラム＆観察ポイント

それぞれの生きものについて、「コラム」では補足的な情報や知っているとおもしろい雑学的な知識を、「観察ポイント」では実際に観察する際に注目するポイントや知っておいたほうがいい情報を紹介しています。

本書の基本データについて

分　類

地球上にいるすべての生きものは、「動物」と「植物」のように、大きなグループから、より細かなグループへと同じ種類の仲間で分類されています。本書で掲載している「○○○目×××科」は、○○○目が上から５番目、×××科は上から６番目の階層です。

大きさ

本書に掲載した生きものの大きさは、種類ごとに以下のものを示しています。オスとメスで大きな違いがある場合は、それぞれ別に記載しています。なお大きさはあくまで目安で、場所や生育環境により個体差があります。

●クモ

頭の先からお腹の先までの長さ。足の長さは含まない。

●鳥

くちばしの先から尾の先までの長さ。羽の長さは含まない。

●カタツムリ

殻の一番長い部分。

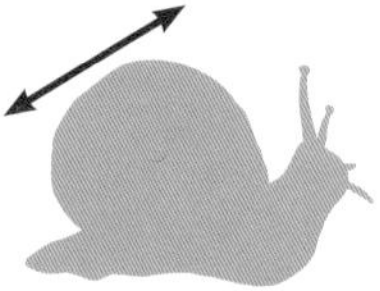

●昆虫

頭からお腹の先までの長さ。触角や角は含まない。チョウ・ガについては、前ばねの根元からはねの先までの長さ。

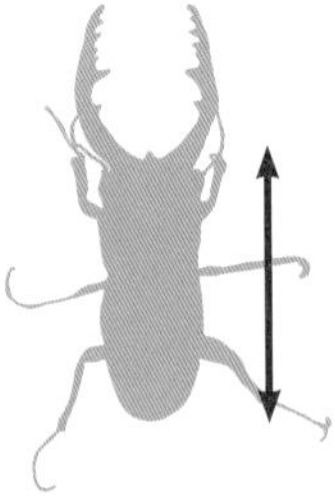

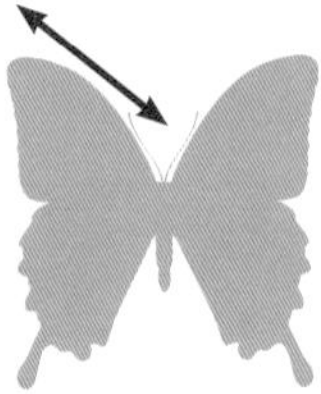

●ミミズ、ナメクジ、ムカデ、ヤスデ、ダンゴムシ、ワラジムシ

体をまっすぐにした時の頭の先から尾の先までの長さ。触角、足の長さは含まない。

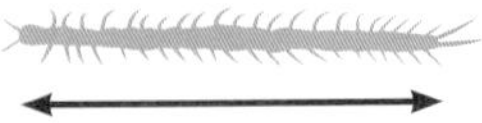

時期

それぞれの生きものが見られる季節的な目安です。地域によって差があるので、本書では関東周辺で見られる時期を掲載しています。

分布

日本を北海道、本州、四国、九州、南西諸島の５つの地域に分け、その地域の一部でしか見られない場合でも、その地域名を掲載しています。近年の温暖化で分布は常に変化しているので、目安と考えてください。

● カメ

上から見た甲羅《こうら》の長辺の長さ。

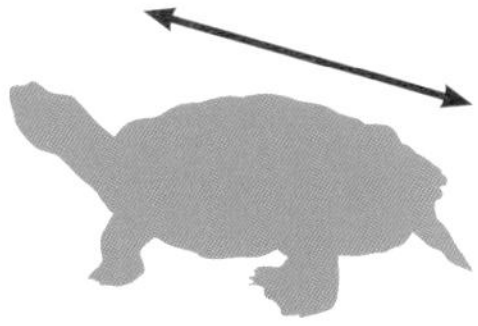

● ほ乳類

頭からお尻（尾の付け根）までの長さ。人でいう座高。

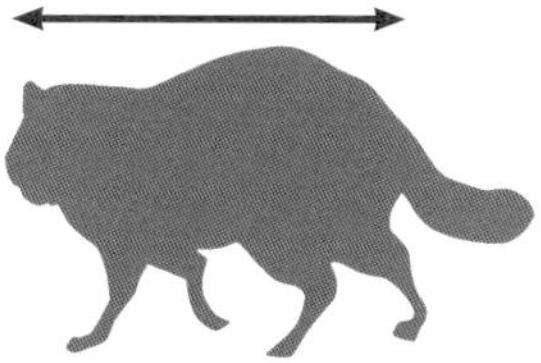

● ヘビ、トカゲ、ヤモリ、イモリ、サンショウウオ

体を伸ばした時の、頭の先から尾の先までの長さ。

● カエル

口先からお尻の先（総排出腔《そうはいしゅつこう》）までの長さ。

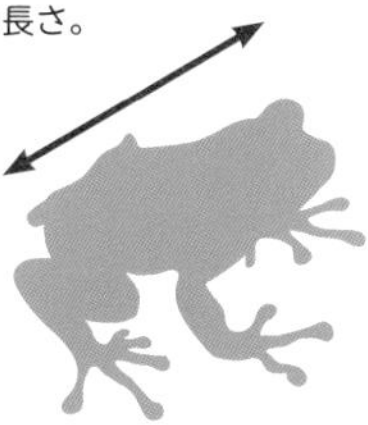

● ザリガニ、スジエビ

頭の先端から尾の先端までの長さ。

● サワガニ

甲羅の幅の長さ。

● 二枚貝

上から見た時の、殻の最も広い幅の長さ。

● 巻貝

上から下までの殻の長さ。

● 魚類

口先から尾の先までの長さ。

もくじ

※ 見つけた生きものを ☑ チェックしましょう。

はじめに …… 2
いつものお散歩で生きものを観察しよう …… 4
本書の使い方 …… 6
本書の基本データについて …… 8
生きもの観察で気をつけたいこと …… 16

鳥 17

鳥と出合う楽しみ …… 18

ビル街、住宅地の鳥 …… 20

□ スズメ …… 21
□ ドバト（カワラバト） …… 22
□ キジバト …… 23
□ ツバメ …… 24
□ ムクドリ …… 25
□ メジロ …… 26
□ ヒヨドリ …… 27
□ オナガ …… 28
□ ハシブトガラス …… 29
□ ハシボソガラス …… 30
□ トビ …… 31

公園の芝生、田畑や土手の鳥 …… 32

□ ヒバリ …… 33
□ カワラヒワ …… 34
□ ホオジロ …… 35
□ モズ …… 36
□ キジ …… 37
□ ツグミ …… 38
□ ジョウビタキ …… 39
□ チョウゲンボウ …… 40

雑木林、公園の林などの鳥 …… 41

□ シジュウカラ …… 42
□ ヤマガラ …… 43

エナガ……44
コゲラ……45
アカゲラ……46
ウグイス……47
アオジ……48
ルリビタキ……49
オオタカ……50

公園の池、川や湿地など水辺の鳥……51
オオヨシキリ……52
セッカ……53
ハクセキレイ……54
イソシギ……55
コチドリ……56
ダイサギ……57
チュウサギ……58
コサギ……59
アオサギ……60
ゴイサギ……61
カワセミ……62
カワウ……63
カイツブリ……64
バン……65
コアジサシ……66
ユリカモメ……67
オオバン……68
カルガモ……69
オナガガモ……70
ハシビロガモ……71
オシドリ……72
コブハクチョウ……73

昆虫とクモ、小さな生きもの 77

昆虫と出合う楽しみ……78
住宅街の昆虫……80
ナミアゲハ……81
アオスジアゲハ……82
ナガサキアゲハ……83
ジャコウアゲハ……84
ヤマトシジミ……85
ツマグロヒョウモン……86
オオミズアオ……87
オオスカシバ……88
チャドクガ……89
アメリカシロヒトリ……90
ヒロヘリアオイラガ……91

□ キイロスズメバチ……92
□ フタモンアシナガバチ……93
□ チュウレンジハバチ……94
□ クロヤマアリ……95
□ アミメアリ……96
□ ナミニクバエ……97
□ アブラゼミ……98
□ アオマツムシ……99
□ カネタタキ……100
□ ハサミムシ……101

畑や草地、芝生の昆虫……102

□ モンシロチョウ……103
□ スジグロシロチョウ……104
□ モンキチョウ……105
□ キタキチョウ……106
□ キタテハ……107
□ アカタテハ……108
□ ヒメアカタテハ……109
□ ベニシジミ……110
□ カノコガ……111
□ エンマコオロギ……112
□ オンブバッタ……113
□ ショウリョウバッタ……114
□ トノサマバッタ……115
□ クビキリギス……116
□ ハラヒシバッタ……117
□ コバネイナゴ……118
□ ナナホシテントウ……119
□ ナミテントウ……120
□ ニワハンミョウ……121
□ マメコガネ……122
□ センチコガネ……123
□ シオヤアブ……124
□ シマハナアブ……125
□ ホソヒラタアブ……126
□ ニホンミツバチ……127
□ セイヨウミツバチ……128
□ クマバチ……129
□ タマバエ……130
□ オオカマキリ……131
□ コカマキリ……132
□ ハラビロカマキリ……133

雑木林の昆虫……134

□ カブトムシ……135
□ ノコギリクワガタ……136
□ コクワガタ……137

□ コアオハナムグリ……138
□ カナブン……139
□ タマムシ……140
□ オオヒラタシデムシ……141
□ シロスジカミキリ……142
□ コフキゾウムシ……143
□ オジロアシナガゾウムシ……144
□ オオスズメバチ……145
□ ヨコヅナサシガメ……146
□ ニイニイゼミ……147
□ クマゼミ……148
□ ヒグラシ……149
□ ツクツクボウシ……150
□ ミンミンゼミ……151
□ ツマグロオオヨコバイ……152
□ シロオビアワフキ……153
□ チャバネアオカメムシ……154
□ アオバハゴロモ……155
□ アカスジキンカメムシ……156
□ クサギカメムシ……157
□ エサキモンキツノカメムシ……158
□ ヒカゲチョウ……159
□ コチャバネセセリ……160
□ ヒメウラナミジャノメ……161
□ サトキマダラヒカゲ……162
□ オオミノガ……163
□ ナナフシ……164
□ エゴツルクビオトシブミ……165
□ ウスバカゲロウ……166
□ ヨツボシクサカゲロウ……167
□ ヤマトシリアゲ……168

池や河川、水辺の昆虫……169

□ オニヤンマ……170
□ ギンヤンマ……171
□ シオカラトンボ……172
□ シオヤトンボ……173
□ ナツアカネ……174
□ アキアカネ……175
□ ノシメトンボ……176
□ コシアキトンボ……177
□ ウスバキトンボ……178
□ クロイトトンボ……179
□ ハグロトンボ……180
□ ゲンジボタル……181
□ ヘイケボタル……182
□ アメンボ……183

クモ …… 184
□ コガネグモ …… 185
□ ジョロウグモ …… 186
□ オニグモ …… 187
□ ゴミグモ …… 188
□ クサグモ …… 189
□ ジグモ …… 190
□ ハナグモ …… 191
□ ネコハエトリ …… 192
□ アリグモ …… 193

そのほかの小さな生きもの …… 194
□ ミミズ（フトミミズ） …… 195
□ ミスジマイマイ …… 196
□ ヒダリマキマイマイ …… 197

□ ナメクジ …… 198
□ ムカデ …… 199
□ ヤスデ …… 200
□ オカダンゴムシ …… 201
□ ワラジムシ …… 202

ほ乳類・は虫類 209

ほ乳類 …… 210
□ アブラコウモリ …… 211
□ タヌキ …… 212
□ ノウサギ …… 213
□ アズマモグラ …… 214

は虫類 …… 215
□ ミシシッピアカミミガメ …… 216
□ クサガメ …… 217
□ イシガメ …… 218
□ アオダイショウ …… 219
□ シマヘビ …… 220
□ ヤマカガシ …… 221
□ マムシ …… 222
□ ヒガシニホントカゲ …… 223
□ カナヘビ …… 224
□ ヤモリ …… 225

両生類・水辺の生きもの 227

両生類 …… 228

□トウキョウダルマガエル …… 229
□ウシガエル …… 230
□ニホンアカガエル …… 231
□ニホンアマガエル …… 232
□アズマヒキガエル …… 233
□ヌマガエル …… 234
□アカハライモリ …… 235
□トウキョウサンショウウオ 236

水辺の生きもの …… 237

□メダカ …… 238
□カダヤシ …… 239
□フナ …… 240
□モツゴ …… 241
□ドジョウ …… 242
□アメリカザリガニ …… 243
□サワガニ …… 244
□スジエビ …… 245
□ドブガイ …… 246
□イシガイ …… 247
□マルタニシ …… 248

生きもの観察を楽しむ

えさ台&巣箱を作ってみよう！ …… 74
鳥の観察に行こう！ …… 76
危険な昆虫・虫にご用心！ …… 203
虫を捕まえてみよう！ …… 204
夜の森を探検してみよう！ …… 206
昆虫の観察に行こう！ …… 208
ニホンカナヘビを飼育してみよう！ …… 226
カエルを飼育してみよう！ …… 249

索　引 …… 250
NPO法人 自然観察大学について …… 255

生きものの観察で気をつけたいこと

命に敬意をもつ

一匹のアリも一羽のスズメもひとつの命です。一般的に「害虫」と考えられている生きものも同じ命に変わりありません。生きものを観察するときは、人間にとってよいものか、悪いものかを考えず中立の立場で、そして観察対象の生きものに対して、慈しみの気持ちをもって接しましょう。

自然を大切にする

自然にあるものを、そのままの形で見ることが自然観察の基本です。できるだけあるがままの状態で生きものと接するようにしましょう。

採集した生きものは最後まで責任をもつ

生きものを採集して観察したり、飼育したりする場合、最後まで責任をもちましょう。採集した生きものを放す場合、必ず採集した場所で放すようにしましょう。

決められたルールを守る

立ち入り禁止の場所には入らない、私有地に入るときは持ち主に声をかけてから入る、交通ルールを守る、ゴミを捨てないなど、基本的な社会のルールを守りましょう。

本書の記述・表記について

親子で読むことを基本にして、できるだけ平易な表現で、専門用語を使わずに解説をしています。限られたページ数の限られたスペースでひとつの生きものを紹介しているので、説明が不十分と感じられることもあるでしょう。ひとつの生きものに興味をもったら、別の本やインターネットなどでさらに調べてみましょう。本書は楽しい生きものの世界への入口です。

昆虫のはねは「翅」という漢字を使うのが一般的ですが、本書では常用漢字ではない「翅」は使わず、ひらがなで表記をしています。

さんぽで出合える
鳥

鳥は私たちに
一番身近な野生の生きもの。
散歩をすれば、どんな場所でも、
どんな季節でも
必ず野鳥の姿を目にします。
カラスやハトだけでなく、
身の回りには実にたくさんの種類の
鳥たちがいます。

鳥と出合う楽しみ

自由気ままに空を飛び回っているように見える鳥。人のすぐそばに暮らしていても、人の力を頼っているわけではなく、自然のなかでえさを探し、天敵を避けて、卵を産んで子供を育てている野鳥です。たくましく生きる鳥の世界をのぞいてみましょう。

テーマをもって観察しよう

鳥との出合いは偶然。でもせっかく出合ったならテーマを決めて鳥を観察してみましょう。しっかり観察することで、一見同じように見える鳥が、実は違う種類の鳥であることがわかったり、オスとメスの違いを知ったりすることができると、観察がさらに楽しくなります。

イイギリの身をついばむヒヨドリ

観察のテーマ

- 体の色や模様
- 大きさや形
- えさの種類
- 鳴き声
- 縄張りを守る行動
- 子育ての様子

鳥の観察で気をつけたいこと

- **近づきすぎない。**
- **大きな音をたてたり、大きな動作をしない。**

特に営巣中（巣を作って子供を育てている時）は特に気をつけましょう。巣に近づきすぎて親鳥が卵やひなの世話をやめてしまうことがあるからです。

ひなにえさを与えるオオヨシキリ

渡り鳥と留鳥

私たちの周りで見られる鳥には渡り鳥（わたりどり）と留鳥（りゅうちょう）がいます。留鳥は１年中同じ場所で暮らす鳥。渡り鳥は季節によって暮らす場所が異なる鳥です。渡り鳥の中には夏鳥（なつどり）、冬鳥（ふゆどり）、旅鳥（たびどり）がいます。

旅鳥

日本より北で繁殖し、日本より南で冬を過ごす鳥。春と秋、長距離移動の途中で日本に立ち寄ります。

冬鳥

日本より北で繁殖し、秋にやってきて冬の間日本で過ごし、春になると北に戻る鳥。

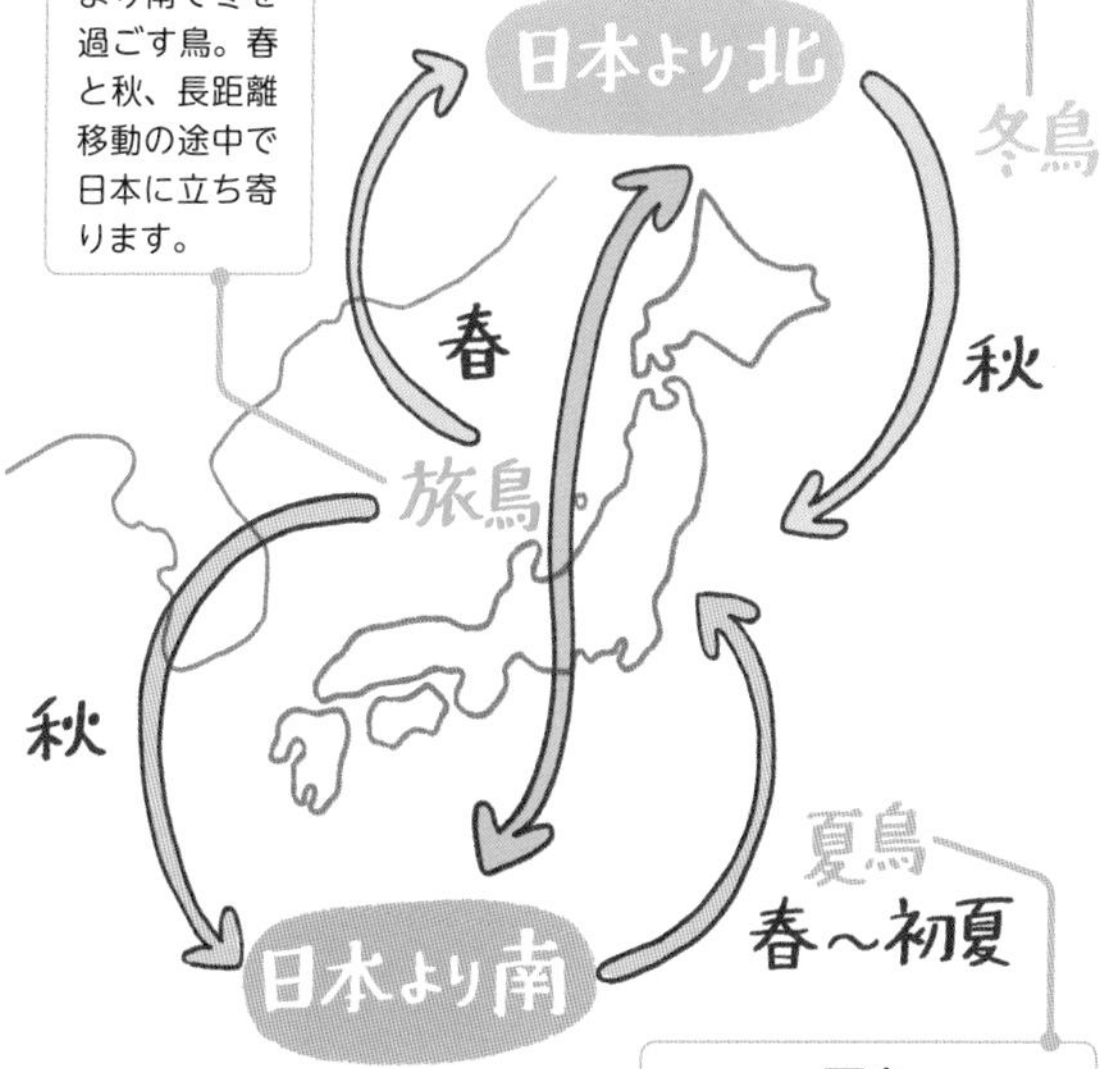

夏鳥

春から初夏にやってきて夏の日本で繁殖し、冬は南の暖かい場所で過ごします。

留鳥

一年中同じ場所で暮らす鳥です。カラスやハトなど、よく見かける鳥の多くは留鳥です。

漂鳥（ひょうちょう）

渡り鳥のように長距離は移動しませんが、季節によって平地から山地へなど、比較的短い距離を移動する鳥です。

ビル街、住宅地で出合う鳥

ハトやカラスだけでなく、ちょっと近所を歩いただけで、私たちの周りには、色や大きさ、鳴き声も異なるたくさんの鳥がいることがわかります。まずは家の近くにいる鳥を観察してみましょう。

どこにいる?

- 電線。
- 屋根の上、ビルの屋上。
- 軒下。
- 庭の立ち木や道路の並木。

気を付けよう!

- 道路の真ん中で立ち止まったり、急に飛び出したりしない。
- 双眼鏡で人の家をのぞかない。
- 人の家の庭や私有地に入らない。
- 不用意にえさをあげない。

分類	スズメ目ハタオリドリ科
大きさ	15㎝
分布	北海道〜南西諸島
時期	通年

スズメ ●留鳥

誰もが知っている「チュンチュン」の鳴き声

出合い度 ★★★★★

人家の周りに生息しているもっとも身近な野鳥で、北海道から沖縄まで分布しています。姿や鳴き声が愛くるしく、昔話に登場したり、童謡に歌われたりして、日本人に古くから親しまれています。オス、メスの外見の違いはありません。食性は雑食で、昆虫やクモをはじめ、太くて短いくちばしで雑草や穀物の種子を食べます。警戒心が強く人が近づくとすぐに逃げますが、巣を作るのは家の屋根の下やビルのちょっとした隙間など、人の生活圏の中です。

観察ポイント

えさ台を作ってみよう

野鳥を身近で見る一番手軽な方法はえさ台や水場を作り、そこに集まる鳥を観察すること。どの季節に、どんなえさを置くかで集まる鳥が変わってきます。またたくさんの種類が集まるので、鳥同士の力関係を知ることができます。例えば大きなヒヨドリ（→P.27）がスズメを蹴散らしてえさをひとり占めにする様子が観察できたりします。

えさ台に集まるスズメ

分類　ハト目ハト科
大きさ　32㎝
分布　北海道～南西諸島
時期　通年

ドバト（カワラバト）●留鳥

出合い度
★★★★★

平和の象徴だけどたくさんいるとちょっと迷惑

お寺や神社の境内、公園や駅前などで群れているのをよく目にします。その昔、野生のカワラバトを飼い慣らして、愛玩や伝令、食用にしましたが、その鳥が再び野生化し、繁殖したものが今見られるドバト。野生なのに人を怖がらないのはそのためです。植物の種などがおもな食べ物ですが、境内や公園に集まるのは人からえさがもらえるため。建物の窓やベランダ、橋の下などに巣を作ることが多く、ふん害が起こるのでかなり迷惑ですが、原因のひとつは人がえさを与えるからです。

コラム

帰巣本能とは

「伝書バト」は、連絡事項を書いたメモを離れた場所に届ける役割を果たしていました。これは「帰巣本能」、つまり「自分の巣に戻りたい」という本能を利用したもの。数百キロ離れた場所から放たれても、ハトは飼われた場所にちゃんと戻ることができます。

ここで飼われたハトはここに戻ってくる

分類　ハト目ハト科
大きさ　33㎝
分布　北海道〜南西諸島
時期　通年

キジバト ● 留鳥

山から里に下りてきたハト。鳴き声は「デーデーポポー」

出合い度 ★★★★☆

一見するとドバトと同じに見えますが、さまざまな色や模様があるドバトと比べ、キジバトの名前のとおり、全体の模様がキジ（→P.37）に似ており、成鳥には首筋に青と黒の横じま模様があります。一番の違いはドバトのように群れておらず、単独またはつがいで行動します。食べ物は木の実や果実、畑の豆などです。もともと街から離れた山地に生息し、木の枝の上に巣を作っていましたが、現在はドバト同様に街中にも巣を作り繁殖しています。

コラム

減少するシラコバト

埼玉県の県鳥。名前の通り全体的に白っぽく、首の後ろに黒い線があるのが特徴です。ユーラシア大陸の温帯や熱帯で繁殖していたものが江戸時代に移入され、のちに野生化したと考えられています。現在個体数が減少し、生息するのが埼玉、千葉、茨城県の一部に限られていて、国の天然記念物に指定されています。

体は白というより灰色

分類　ツバメ目ツバメ科
大きさ　17㎝
分布　北海道〜南西諸島
時期　5〜10月

ツバメ ・夏鳥

出合い度 ★★★★☆

街中でも里山でも、この鳥がやってくるともうすぐ夏

玄関やビルの出入り口に巣を作り、忙しく飛び回る姿をよく見かけます。南国（東南アジア）で越冬して、春になると日本にやってくる夏鳥。忙しく飛び回るのは空中でえさを捕まえるためで、右に左に方向を急転回する様を「つばめ返し」といいます。昔から虫を食べてくれる益鳥として大切にされてきました。人家の軒先に巣を作るのは、天敵のカラスやヘビに襲われにくくするため。自分たちは人から危害を加えられないとわかっているようです。

観察ポイント ツバメは何を食べている？

鳥の食物を知るひとつの方法はふんを調べること。ツバメのえさは空中を飛ぶ昆虫ですが、巣の下にふんを落とすので集めるのも簡単です。落ちているふんを集めて、目の細かいザルやネットに入れて水洗いします。そして残ったものをルーペで見ると、消化されない虫の足や羽アリのはね（翅）などが見つかります。

ふんのなかには虫の体の一部がいっぱい

分類	スズメ目ムクドリ科
大きさ	24㎝
分布	北海道～南西諸島
時期	通年

ムクドリ ● 留鳥

時に数万羽の集団になり騒音とふん害は大迷惑

出合い度 ★★★★★

人家の戸袋や巣箱で子育てするとても身近な鳥です。黒褐色の体に黄色やオレンジ色の足やくちばしがよく目立ちます。雑食で果実や木の実を食べますが、地面を歩きながら虫やミミズなどの小動物をとらえることもあります。群れで生活し、公園や駅前などにある樹木で集団でねぐらをとる習性があります。春から夏にかけて巣立った若鳥が加わった秋～冬の大集団は、ときに数万羽になることも。その鳴き声とふん害が大きな問題になっています。

コラム

ムクドリはなぜ群れるの？

力の弱い動物は群れることで危険を避けようとします。ムクドリの天敵はオオタカやフクロウなどの猛きん類。たくさんの仲間がいるということは、たくさんの目があるということ。それだけ早く危険を察知して逃げることができるし、天敵にとっても群れには近づきにくくなるのです。

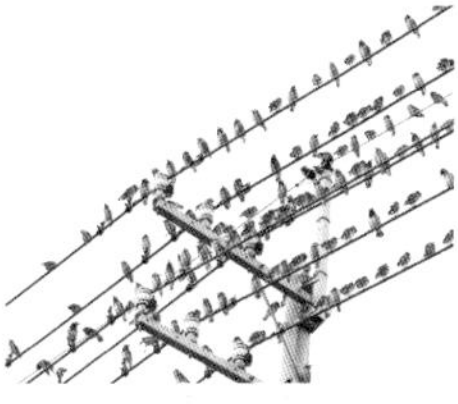

住宅街の電線に集まったムクドリの群れ

分類　スズメ目メジロ科
大きさ　12㎝
分布　北海道～南西諸島
時期　通年

メジロ ● 留鳥

出合い度 ★★★☆☆

春を告げる鳥とよく勘違いされます

文字通り目の周りの白いリングが特徴の鳥。大きさはスズメより小さく、体全体が黄緑色。雑食で木の実や虫も食べますが、甘いもの好きで、花の蜜を吸ったり、熟した果物をついばんだりします。春先、梅の花の蜜を吸っている鳥をウグイス（→P.47）だと思っている人が多いのですが、実はメジロであることがほとんどです。ウグイスは虫がおもな食べ物で、花の蜜は吸いません。また淡い緑色を「ウグイス色」と言いますが、これはメジロの色で、ウグイスは茶褐色。これも勘違いの理由です。

コラム

めじろ押しってどんな様子？

とても込み合っている様を「めじろ押し」といいます。メジロは枝などに止まるとき、隣とぴったりくっついて並ぶ習性があり、その様子からこの言葉が生まれました。くっついて止まっているところに左右を押しのけて割り込んでくる鳥もいて、それが増えるとメジロ押しになります。

くっついている様子が愛らしいメジロ

分類	スズメ目ヒヨドリ科
大きさ	28㎝
分布	北海道〜南西諸島
時期	通年

ヒヨドリ ● 留鳥

飛んでいる姿を見るとすぐにわかる

出合い度 ★★★★☆

黒いくちばしにスリムな体で果実をつついたり、花の蜜を吸ったりする姿がよく見られます。春先に咲くツバキの花を巡ってメジロなどの鳥を追い払う様子が観察できます。都会には秋にやってきて春には去っていく漂鳥でしたが、今では一年中とどまって繁殖するようになりました。飛び方に特徴があり、数回羽ばたいたあと羽をたたんで滑空し、再び羽ばたくというパターンを繰り返します。そのため飛行の軌道が真っすぐではなく波型になっています。

コラム

庭に見たことのない木が生えてきた

植物のなかには鳥に果実を食べてもらうことで、自らの種子を遠くに運ばせるものがあります。鳥が果実を食べると果肉だけが消化されて、種子は消化されずふんと一緒に散布されます。もし庭に見たことがない木や植物が芽生えていたら、それは鳥が種子を運んできたものかもしれません。

ナンテンの実をついばむヒヨドリ

分類	スズメ目カラス科
大きさ	37㎝
分布	本州（中部地方以北）
時期	通年

オナガ・留鳥

出合い度 ★★★☆☆

スリムな体に黒い帽子をかぶったスタイリッシュな姿

グレイの体と水色の羽、すっと伸びた長い尾、そして黒いベレー帽をかぶったようなおしゃれな鳥です。名前の由来は見た通り、尾が長いこと。食性は雑食で、木の実や種から虫までなんでも食べます。また食べ物を貯食する習性もあります。スリムな姿から、きれいな鳴き声を想像しますが、オナガはカラスの仲間。「ギィー、ギュッギュッ」とお世辞にも上品な鳴き方ではありません。東アジアに広く生息していますが、日本では中部地方以北の本州でしか見られません。

コラム

群れの生活が中心

秋冬には20～40羽の群れを作って、一定範囲内を移動して暮らしています。ヒナを育てる時は親鳥だけでなく、兄弟の若い鳥も子育てを手伝うことがあります。また天敵に襲われそうになると、集団で抵抗します。

樹上で群れるオナガ

分類 スズメ目カラス科
大きさ 56㎝
分布 北海道〜南西諸島
時期 通年

ハシブトガラス ● 留鳥

街中で見かける、時に群れでごみを漁る困った存在

出合い度 ★★★★★

日本でカラスといえば、このカラスと次ページのハシボソガラスのこと。よく似ていますが、くちばしが太いのがハシブトガラスで、細いのがハシボソガラス。果実から小動物までなんでも食べる雑食性で、生ごみなどもエサにします。街中はエサが豊富で天敵となる猛きん類（→P.31）がおらず、さらに巣を作る場所がたくさんあり、カラスが住みやすい条件がそろっています。人の生活圏に巣を作るため、繁殖期は、近くを通る人を攻撃することがあり問題になっています。

コラム

カラスは神様の使い

日本サッカー協会のシンボル「ヤタガラス」。三本足のこのカラスは天皇家の守り神として和歌山県にある熊野那智大社にまつられています。カラスが「神の使い」であるという信仰は日本各地にあり、もともと中国の故事に由来します。

ヤタガラスが描かれた熊野那智大社の絵馬

分類 スズメ目カラス科
大きさ 50㎝
分布 北海道～南西諸島
時期 通年

ハシボソガラス ●留鳥

出合い度 ★★★★☆

街から少し離れたところに住む賢い鳥の代表

ハシブトガラスより一回り小さく、人の生活圏内に住むのはハシブトガラスと同じですが、ハシボソガラスは畑や河原など開けた空間がある土地を好みます。カラスは賢い鳥の代表。クルミや貝を車の前に置いて割らせたり、食物を草むらや木のすき間などに貯食し、後で取り出して食べたりします。電線にぶら下がって遊ぶことも。幼鳥のころから人に飼われたカラス（ハシブトガラスも）は人になつき、芸をしたり、言葉を話したりすることもあります。

観察ポイント

カラスの賢い行動

道具を使うのは知能が高い証拠ですが、自分で割ることができない硬いクルミの殻を車に割らせたりするのは、まさにカラスの知能の高さを示す行動です。それだけでなく、クルミを上空から硬い地面に落として割ることもあります。

道路で割れたクルミを食べるカラス

分類	タカ目タカ科
大きさ	オス59㎝　メス69㎝
分布	北海道～南西諸島
時期	通年

トビ ● 留鳥

「ピーヒョロロロー」の声でおなじみのタカの仲間

出合い度 ★★★★☆

羽ばたくことなく、上昇気流に乗って優雅に空を舞う姿が海の近くでよく見られます。トンビとも呼ばれ、名前は「飛び」からきています。食性は肉食で300m上空から地上を動くネズミを見つけて、急降下して捕まえることができます。大切なものを不意に持っていかれるという意味の「とんびに油揚げをさらわれる」という慣用句があります。実際、海岸でお弁当などを広げて食べていると、上空からトビが急降下してくることがあります。

コラム

猛きん類(もうきんるい)とは？

ワシやタカのように鋭い爪とくちばしを持ち、他の動物を捕食する鳥を猛きんといいます。ワシやタカのほか、ハヤブサやフクロウも猛きんです。トビは生きた動物だけでなく、動物の死体や魚などもえさにしています。都会では生ごみも食べ、生態系の頂点をめぐりカラスと争うことも。

フクロウの仲間、アオバズク

公園の芝生、田畑や土手で

少し開けた場所には、住宅地とはまた違った鳥たちがいます。遊びに出かけた公園で、散歩の途中にある畑や田んぼの周りで、眺めのいい土手の上で、どんな鳥たちが見られるでしょう。

どこにいる？

- 公園の芝生。
- 原っぱの草むら。
- 田んぼや畑。
- 土手や河川敷。

気を付けよう！

- 田んぼや畑に立ち入らない。
- 公園で遊んでいたり、休んでいたりする人の邪魔にならない。
- 畑や田んぼで作業している人に迷惑をかけない。

分類　スズメ目ヒバリ科
大きさ　17㎝
分布　北海道～九州
時期　通年

ヒバリ ● 留鳥

春の野に響きわたる美しいさえずり

出合い度 ★★★★☆

暖かな春の日、広い草原や開けた河原などに行くと「ピーチュク、ピーチュク」という鳥のさえずりが聞こえます。地上や杭の上などでもさえずるのは、繁殖期にメスを探すオスのヒバリです。日本全土で見られますが、北海道では夏鳥。見通しがよく、土が露出している場所に生息し、子育ては草やムギなどの根元に巣を作って行います。身を隠すような場所がないので、オス、メスとも色は濃淡の茶色で、羽に黒い斑紋があり、周りの景色に同化して目立たないようになっています。

観察ポイント

ヒバリは地上の鳥

ヒバリは上空でさえずるのでつい見上げてしまいますが、実は地上で暮らす鳥です。歩きながら昆虫やクモ、種子などを探して食べます。巣も地上に作ります。また、ときどき立ち止まり、猛きん類に襲われないように上空を見上げて警戒します。

ミミズを捕まえたヒバリ

分類	スズメ目アトリ科
大きさ	14㎝
分布	北海道～南西諸島
時期	通年

カワラヒワ ●留鳥

出合い度 ★★★★★

羽ばたくときに見える黄色い模様が特徴

オス、メスともに茶色がかった緑色で、オスのほうがより緑が濃い色。翼をたたんでいる時は一部に鮮やかな黄色が見えますが、羽を広げるとその黄色が帯状に広がり観察の手がかりになります。鳴き声は「キリキリコロロ」。太くて短いくちばしで、穀物やヒマワリの種などの皮をはいで食べます。春にはタンポポの種を食べますが、綿毛の部分を上手に切り取って種だけにします。ヒナを育てる時は虫も与えます。巣は木の枝に作りますが、街中の標識や電柱に作ることも。

コラム

オスからメスへのプレゼント

鳥でよく見られる求愛給餌（きゅうあいきゅうじ）は、オスがメスに対して、自分が食べ物をとることが上手であることをアピールする行動です。つがいになった後はつがいのきずなを深めたり、卵を産むメスへの栄養補給のためにも行われます。

カワラヒワのつがい

分類　スズメ目ホオジロ科
大きさ　17㎝
分布　北海道〜南西諸島
時期　通年

ホオジロ ● 留鳥

出合い度 ★★★☆☆

木の一番高いところで高らかに縄張り宣言

ホオジロという名前はほおが白いことに由来しますが、実際には黒と白の筋になっています。同じようにほおが白いシジュウカラ（→P.42）とよく間違えられます。春夏には昆虫やクモを、秋冬には植物の種子をよく食べます。冬の間は小さな群れを作り、春になるとオスは木の一番高いところにとまり、大きく澄んだ声で縄張りを宣言します。昔から「一筆啓上仕り候（イッピツケイジョウツカマツリソウロウ）」と鳴いているといわれてきました。

コラム

聞きなしとは？

野鳥観察の楽しみのひとつとして「聞きなし」があります。これは鳥の鳴き声を人間の言葉に当てはめるもので、例えばウグイス（→ P.47）の鳴き声を「法華経（ホケキョウ）」とするものです。聞きなしを自分の言葉で表してみるのも楽しいものです。ホオジロを「さっぽろラーメンみそラーメン」と聞きなす人も。

地面でえさを探すホオジロのオス

分類　スズメ目モズ科
大きさ　20㎝
分布　北海道～南西諸島
時期　通年

モズ・留鳥

出合い度 ★★★☆☆

他の鳥の鳴きまねが上手。漢字で書くと「百舌」

開けた農耕地や草原、河原に生息します。体全体が茶褐色でオスの顔には黒い線があります。性格は獰猛《どうもう》。肉食でおもなえさは小動物や昆虫。木の枝から獲物を見つけると一直線に襲い掛かり、鋭いくちばしで捕まえます。カエルやトカゲなど、捕まえた獲物を木の枝などに串刺しにして保存する「はやにえ」をつくります。はやにえは一年中見られますが、秋から初冬に多く目にします。「キィーキチキチキチ」と鋭い声で鳴き、他の鳥の鳴きまねをすることでも知られています。

観察ポイント

モズのはやにえ

捕らえた獲物を木の枝に刺したり木の枝の股に挟んだりする「はやにえ」はモズだけに見られる習性です。特に秋から初冬にかけてよく観察されることから、えさが少なくなる冬に備えた保存食であると考えられています。

枝に刺されたバッタのはやにえ

分類 キジ目キジ科
大きさ オス80㎝　メス60㎝
分布 本州～南西諸島
時期 通年

キジ ● 留鳥

出合い度 ★★★★★

赤い顔と美しい羽と体をもつ日本の国鳥

『桃太郎』などの昔話や各地の民話に登場する、古くから日本人にとてもなじみのある鳥で、日本の国鳥に指定されています。オスとメスの見た目が大きく異なります。オスは赤い顔に光沢のある紫や青、緑の首と体、うすい青に茶色の文様の羽、そして長い尾をもつ、かなり派手な外見。一方メスは茶色の地に黒の斑点が体全体を覆う地味な姿です。一羽のオスと複数のメスがつがいになっている一夫多妻。繁殖期のオスは縄張りを巡ってオス同士が激しく闘うことで知られています。

コラム

メスの母性はオスより強し！

オスのキジは激しい縄張り争いをする一方、警戒心がとても強く、人の気配を感じるとすぐに逃げ出します。メスも警戒心は強いですが、卵を抱えているときは敵が近づいてきても逃げずに卵を守ることで知られています。

地味なメスは外敵から発見されにくい

分類	スズメ目ツグミ科
大きさ	24㎝
分布	北海道〜南西諸島
時期	10〜5月

ツグミ ●冬鳥

出合い度 ★★★☆☆

空を飛ぶ姿より地上を歩き回る姿をよく見かける

木の実や果実なども食べますが、ミミズや虫などがおもな食べ物なので、草原や冬の休耕田、公園の広場などの開けた場所の地面でよく目にします。4、5歩ちょこちょこと歩いてピタッと止まる動きを繰り返します。春から夏の間シベリアで繁殖し、冬になると越冬のために日本にやってくる冬鳥。一説には、冬には聞こえていた鳴き声が夏になると聞こえなくなるため、昔の人が「夏には口をつぐむ鳥」と考えたのが名前の由来といわれています。

コラム

同じ仲間の夏鳥も

ツグミの仲間で外見もよく似た鳥、トラツグミは一年中日本にいる留鳥。体が黒く腹が白いクロツグミは夏になると日本にやってくる夏鳥です。

黄色と黒のまだら模様が特徴的なトラツグミ

クロツグミは鳴き声が美しいことで有名

分類	スズメ目ヒタキ科
大きさ	15㎝
分布	北海道～南西諸島
時期	10～3月

ジョウビタキ ●冬鳥

冬の庭先でよく見られる美しくかわいい鳥

出合い度 ★★★☆☆

頭を下げ、尾を左右に細かくふるわせ「ヒッヒッヒッ」と鳴く習性があります。秋に日本に渡ってくる冬鳥でオス、メスとも羽に白い斑点があり、紋付ともいわれます。おもな食べ物は虫やミミズなどで、その他ナンテンなどの木の実も好物。人に対する警戒心が薄く、庭木や公園にもやってきます。一方オスもメスも単独で縄張りをもち、縄張り意識が強くカーブミラーに映る自分の姿にも攻撃をしかけることも。鳴き声が火打石をたたく音に似ているのが「ヒタキ」の名前の由来です。

コラム

生息地の変化

ジョウビタキは、夏の繁殖期であるユーラシア大陸東部から、秋に日本などの南の地に渡ります。普通春になると繁殖地に戻るのですが、近年日本に留まり、繁殖するものが岐阜県や長野県などで観察されています。今後の動向が注目されています。

カーブミラーに映る自分の姿に攻撃をするオス

分類　タカ目ハヤブサ科
大きさ　オス33㎝　メス38㎝
分布　北海道～南西諸島
時期　通年

チョウゲンボウ ●留鳥

出合い度 ★★★☆☆

都市周辺で増えてきた猛きん。得意技はホバリング

ネズミやモグラ、スズメなどの小さな鳥、昆虫をおもな食物にする、ハトくらい大きさの猛きん類（→P.31）です。秋から冬は見通しのよい河原や公園で狩りをします。海や川に面した岩場や山地の崖に巣を作って繁殖しますが、近年は都市部でも見かけるようになり、ビルや橋などでも繁殖が観察されています。天敵が少ない都市周辺のほうが、エサとなる小鳥も豊富で繁殖しやすいのが理由。空中で羽ばたきながら止まるホバリングという飛び方で獲物を捕らえます。

観察ポイント

夫婦で仲良く子育て

チョウゲンボウは基本つがいで暮らしています。メスが生んだ卵を温めている間、オスは飛び回って獲物を集め、ひながかえると、メスと子どものために、獲物を運びます。メスは獲物を子どもが食べやすいようにちぎって与えます。

獲物の小鳥をメスに渡すオス

雑木林、公園の林で

たくさんの生きものが暮らす森。木立の間を歩いていると、さまざまな鳥の鳴き声が聞こえ、木の枝の間を飛び交う様子も見られます。森では近い距離で鳥たちの姿を観察できるチャンスもあります。

どこにいる?

- 広葉樹や針葉樹の森。
- 雑木林。
- 街中の公園の立ち木。

気を付けよう!

- 鳥に近づきすぎない。
- スズメバチに注意する。
- 薄暗い場所には
ひとりで行かない。

分類 スズメ目シジュウカラ科
大きさ 15㎝
分布 北海道～南西諸島
時期 通年

シジュウカラ ● 留鳥

出合い度 ★★★★☆

黒ネクタイの小さい体でよく通る声で鳴く

早春の頃、「ツーピィーツーピィー」というよく通る澄んだ鳴き声は、市街地から郊外の山間部までいろいろな場所で聞くことができます。体の前面の黒い帯が、黒ネクタイのように見えるのが特徴。オスとメスを見分けるポイントはネクタイの幅。広いのがオスです。昆虫や木の実などがおもな食べ物で、繁殖期になるとキツツキなどが作った木の穴や民家の壁や塀の隙間の空間に巣を作って卵を産みます。人が作った巣箱も利用するのでとても観察しやすい野鳥です。

コラム

違う鳥と一緒に群れを作る

繁殖期ではない冬、シジュウカラはメジロ（→ P.26）やエナガ（→ P.44）など違う種類の鳥と一緒に、混群（こんぐん）を作ります。たくさんでいると警戒する目が増え、早く天敵を発見でき、すばやく逃げることができます。

分類	スズメ目シジュウカラ科
大きさ	14㎝
分布	北海道～南西諸島
時期	通年

ヤマガラ ● 留鳥

樹木を育てる森の小さな管理人

出合い度 ★★★☆☆

山に住むカラ（小鳥）が名前の由来。広葉樹の森で暮らしています。昆虫や木の実がおもな食べ物で、特にエゴノキの実が好物。実を足で押さえてくちばしでつついて皮を破って中身を食べます。また木の実やドングリを土のなかに埋めたり、木の皮の裏に隠したりする貯食（ちょしょく）という行動が見られます。これはおもに冬用の食べ物です。ヤマガラは賢い鳥で、さまざまな場所に隠したにもかかわらず、その場所をほぼすべて覚えているそうです。

コラム

森の管理人

木の実やドングリを複数の場所に貯食するヤマガラですが、貯食したすべての木の実を食べるわけではありません。土に埋められて食べられなかった木の実はその場で発芽し、成長していきます。ヤマガラはこうすることで森の新陳代謝に貢献し、森を健康に保つことに一役かっているのです。

土に埋めたエゴノキの実を掘り出す

分類	スズメ目エナガ科
大きさ	14㎝
分布	北海道～九州
時期	通年

エナガ・留鳥

出合い度 ★★★☆☆

凝った巣を作る、かわいい森のアイドル

綿を丸めたような丸い体に短いくちばしと長い尾。その姿がひしゃくに見えたのでしょう。「長い柄」が名前の由来といわれています。20～30羽で群れを作って暮らし、ほかの種類の鳥と混群（→P.42）を作ることもあります。

日本にいる鳥のなかで最小の鳥のひとつ。クモや小型の昆虫と種子がおもな食べ物です。繁殖時、一時に10羽以上のひなを育てることがありますが、つがい以外の仲間がヘルパーになって子育てを手伝ってくれます。

観察ポイント

エナガの巣

エナガはとても精巧な巣を作ります。材料はクモの糸とコケなど。集めたコケをクモの糸でつらねて直径10cm、長さが15cmほどの楕円のボール状にし、コケなどをはりつけてカモフラージュします。巣の中に羽毛などを敷き詰め、クッション性と保温性を確保。完成したらそこに卵を産みます。

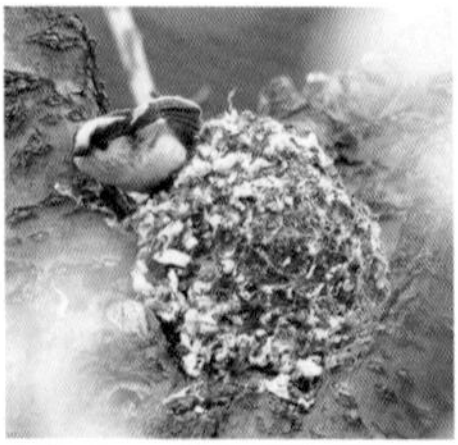

巣作りするエナガ

分類　キツツキ目キツツキ科
大きさ　13㎝
分布　北海道〜南西諸島
時期　通年

コゲラ ● 留鳥

鋭いくちばしで木を叩く日本最小のキツツキ

出合い度 ★★★☆☆

スズメより小さい日本最小のキツツキ。郊外の林だけでなく街中の公園や普通の家の庭にもやってきます。鋭いくちばしで木の幹に穴をあけて、そこに巣をつくります。繁殖用の巣のほかに、コゲラは単独で夜を過ごすためにねぐら用の巣穴を別に用意しています。おもな食べ物は昆虫や木の実。基本的につがいで暮らし、「ギィーギィー」と鳴いてお互いを確認します。つがいは繁殖期に卵を温めるのも交代で行い、ヒナにエサを与えるのもオスとメス共同で行います。

コラム

キツツキは悪い鳥？

建物の壁に穴をあけることもありますが、コゲラが巣を作るのはおもに枯れた木。生きた木をつつくときは木に巣くう虫をとるためなので、木にとってはありがたい存在です。実際松の木を枯らすマツクイムシの駆除にキツツキを使って効果を上げています。

古い木に穴をあけるコゲラ

分類	キツツキ目キツツキ科
大きさ	24㎝
分布	北海道〜本州
時期	通年

アカゲラ ●留鳥

出合い度 ★★★★★

お腹と頭が赤い、森で一番にぎやかな番人

「キョキョ」という鳴き声だけでなく、くちばしで木を叩く「ドラミング」でつがいの相手を探したり、縄張りを主張したりします。白と黒の体で、オス、メスともお腹が赤いのが特徴。オスは頭も赤いので簡単に識別できます。長い爪と尾で体を支え、木の幹に縦に止まり、虫を捕まえたり、ドラミングをしたりします。生きている木にも穴をあけますが、木が枯れることはなく、逆に木を枯らす害虫を食べてくれる森の番人です。単独かつがいで過ごし、つがいになると縄張りも一緒に守ります。

コラム

キツツキの穴に住む生きもの

コゲラ（→ P.45）同様、建物に穴をあけてしまう、ときには人にとっては迷惑なこともありますが、木の害虫となる昆虫を食べくれるだけでなく、木にあけた穴はシジュウカラなどの鳥、ヤマネ、コウモリなどの動物の巣として利用されることがあります。

キツツキの穴から顔を出すエゾモモンガ

分類	スズメ目ウグイス科
大きさ	オス16㎝　メス14㎝
分布	北海道～南西諸島
時期	通年

ウグイス ● 留鳥

おなじみの美しいさえずりで春の到来を告げる

出合い度 ★★★☆☆

警戒心が強いので、その姿はあまり見られませんが、「ホーホケキョ」という鳴き声は誰もが聞いたことがあるでしょう。春先になると日本各地でその声が聞かれ、昔から和歌や俳句で詠《よ》まれてきました。オス、メスとも全身が褐色でとても地味。淡い緑を「ウグイス色」といいますが、これはメジロ（→P.26）とウグイスを勘違いしてつけられた名前です。ススキやササなどが密集するヤブの中に住み、春～夏は昆虫やクモ、冬場は植物の種なども食べます。

コラム

美しく鳴くのはオスの使命

「ホーホケキョ」とさえずるのは繁殖期のオスだけ。美しい鳴き声でメスにアピールします。さらに、つがいができた後には、安全な時にはホーホケキョとゆったりと鳴き、危険が迫るとケキョケキョケキョと警戒音を発してメスに知らせます。オスが天敵やライバルから巣やひなを守ってくれるので、メスは子育てに専念できます。

分類	スズメ目ホオジロ科
大きさ	16㎝
分布	北海道～南西諸島
時期	通年

アオジ ● 留鳥

出合い度 ★★★★★

スズメによく似た姿で、生息地により生態が異なる

一見するとスズメに見えますが、体は緑がかった黄色で、オスは目の周りが黒いのが特徴。ウグイスのように警戒心が強く、ヤブなどの中に潜んでいることが多いのですが、「チョッピーチョチョ」や「チッチッ」という美しい鳴き声はよく聞こえます。太く短いくちばしで植物の種や木の実をついばんで食べます。シベリアなどから秋に日本に渡ってくる冬鳥もいれば、日本国内を移動する漂鳥や通年同じ場所に留まるものもいて同じ種類なのに生態はさまざま。

コラム

鳥のアオは何色？

アオジの「アオ」は文字通り青。でも実際は緑に近い色です。同様にアオバトは緑色の美しいハトで、アオサギ（→ P.60）はどう見ても灰色。青という色は、かなり幅広い色彩を表す言葉なのです。本当に青い鳥は「瑠璃（るり）」という言葉を使います。

本当に青い鳥の代表ルリビタキ

分類　スズメ目ツグミ科
大きさ　15㎝
分布　北海道〜四国
時期　通年

ルリビタキ ● 留鳥

見た目も鳴き声も美しい貴重な存在

出合い度 ★★★☆☆

「キョロキョロキョロ」と澄んだ声でさえずるルリビタキは、頭から背中全体が瑠璃色（青）で、白い下面の脇が山吹色になっている、見た目もかなり美しい鳥です。ただこれはオスだけで、メスは尾の一部は青いですが全身ほぼ茶褐色の地味な鳥。そのオスも背中の部分が完全に青くなるのに3年ぐらいかかります。食べ物は虫や果実などで、薄暗い森や林を好むのは、青い体が目立たなくするため。留鳥ですが、暑い季節は標高の高い針葉樹の森で生活し、冬になると平地に移動します。

コラム

瑠璃三鳥

瑠璃（るり）は青色の宝石のこと。幸せの象徴ともいわれる「青い鳥」ですが、ルリビタキのほかに、瑠璃の名前が付いたオオルリ、コルリを「瑠璃三鳥」と呼んでいます。

オオルリ

コルリ

分類	タカ目タカ科
大きさ	オス50㎝　メス57㎝
分布	北海道〜南西諸島
時期	通年

オオタカ ●留鳥

出合い度
★☆☆☆☆

鷹狩りに使われてきた身近な猛きん類

昔から鷹狩りに使われてきた鳥。乱開発と密猟のため、一時絶滅が危惧されるほど数が減ってしまいましたが、法律で保護するようになって個体数を回復。今では都心の森の中でも繁殖するようになりました。猛きん類はメスがオスより大きいですが、オオタカも同じ。つがいで子育てをする際、大きなメスがヒナを守り、小さなオスが獲物を巣に持ち帰ります。ハトなどの自分より小さな鳥、ウサギやネズミなどがおもな食べ物。飛翔能力が高く、空中でも獲物を捕まえます。

コラム

都心でオオタカを見つける方法

上空でカラスが何十羽も集まって大騒ぎしているときには、必ずといっていいほどオオタカなどの猛きん類がいます。一羽ではかなわないカラスは、大勢でオオタカを取り巻いて追い払おうとしているのです。

オオタカをカラスが取り巻く

公園の池、川や湿地などの水辺で

池や川、湿地など、水があるところにはたくさんの鳥が集まってきます。季節によって見られる鳥が異なり、子育てする姿など、興味深い生態が観察できます。双眼鏡をもって鳥たちに合いにいきましょう。

どこにいる？

- 海岸や河川、干潟などの水辺。
- 湖沼や水田などの周り。
- 公園の池や市街地の水たまり。
- 湖沼や川沿いのヨシ原。

気を付けよう！

- ひとりで水のそばに行かない。
- 大きな音を立てない。
- 川や池などに落ちないよう足元に注意する。
- 海岸などで立ち入り禁止区域に入らない。

分類　スズメ目ヨシキリ科
大きさ　19㎝
分布　北海道～南西諸島
時期　4～9月

オオヨシキリ・夏鳥

出合い度
★★★★★

季語にもなっている夏を代表する鳥

体の上側は褐色、下側は黄白色で、口元にひげがあります。ヨシの葉を切り裂いて中にいる虫を食べることが名前の由来です。日本を含む東アジアの広い地域で繁殖し、冬期は東南アジアの熱帯地域へ渡ります。オスが先にやってきて河川や湖沼周辺のアシ原に縄張りを作り、後からやってくるメスとつがいになります。「ギョギョギョシ」と昼夜をとわず、大声で鳴き続け、俳人小林一茶は「行々子（ぎょうぎょうし）口から先に生まれたか」と詠み、俳句の夏の季語にもなっています。

コラム

鳥では珍しい一夫多妻

オスの縄張りにメスが巣をつくり、子育てをします。20～30%のオスはそれぞれ2、3羽のメスとつがいになり、5羽のメスとつがい（一夫五妻）になった例も。一方15%のオスは相手が見つからないそうです。次ページのセッカも一夫多妻です。

ヒナにえさを与えるオスのオオヨシキリ

分類	スズメ目セッカ科
大きさ	12㎝
分布	本州〜南西諸島
時期	通年

セッカ ● 留鳥

見た目は地味ながら特徴的な声で存在をアピール

出合い度 ★★★★★

スズメに似ていますが、スズメよりひとまわり小ぶり。夏は頭から背にかけて茶色の地に縦に黒い模様があり、冬になると体の色が全体的に薄くなります。チガヤなど背の低い植物の草原に生息し、えさはクモや昆虫。イネ科の植物の葉をクモの糸でまとめて巣を作ります。普段はあまり目立たない鳥ですが、繁殖期には、上昇しながら「ヒッヒッ」と繰り返し、下降する時に「チャッチャッ」と鳴きながら、波状に低空を飛ぶオスの姿がよく見られます。

コラム

セッカの名前の由来

漢字で「雪加」と書きます。これは、お腹の辺りが雪のように白いからという説や、巣づくりのために集めるクモの糸や植物の白い綿毛を雪に見立て、「くちばしに雪をくわえる」ので雪加。さらに個性的な鳴き方で忙しく飛び回ることから、せっかち→セッカと呼ばれるようになったという説も。

雪に見える巣の材料をくわえる

分類　スズメ目セキレイ科
大きさ　21㎝
分布　北海道～南西諸島
時期　通年

ハクセキレイ ●留鳥

出合い度 ★★★★★

長い尾とモノトーンの容姿がスマート

頭から背は、夏が黒色で冬が灰色。腹と羽は広く白色です。ユーラシア大陸のほぼ全域で見られ、海岸、河川などの水辺に生息しますが、だんだんと生息域を広げ、普通の住宅地や舗装された広場などでも見られるようになりました。冬場は単独、夏場はつがいで行動します。縄張り意識が強く、特に冬場は同種のほか、キセキレイやセグロセキレイと生活圏が重なる場合があり、その際には追いかけ回して激しい縄張り争いを繰り広げます。

観察ポイント

セキレイの仲間の見分け方

セキレイの仲間は、見た目も生息地も似ているので見分けが難しいですが、識別のポイントは体の色です。

下腹部が黄色であればキセキレイ

頭、首、背が黒いセグロセキレイ

分類 チドリ目シギ科
大きさ 20㎝
分布 北海道〜南西諸島
時期 通年

イソシギ ● 留鳥

水辺で腰を上下に振りながら歩く姿がキュート

出合い度 ★★★★★

北海道では夏鳥、沖縄では冬鳥となりますが、それ以外では全国的にほぼ一年中、干潟や水田、湖沼、河川などの水辺で見られます。1〜2羽でいることが多く、腰を上下に振り、短いしっぽを動かしながら歩く姿はとても愛嬌があります。川原の草や低木の根元のくぼみに枯草を敷いて巣を作ります。水生昆虫などの虫がおもなえさですが、小魚やカニなどの甲殻類、貝なども食べます。「チーリーリーリー」と細く短い声でさえずります。

観察ポイント

クサシギとの違いをチェック

春と秋の渡りの時期に見られる旅鳥、もしくは冬鳥として観察されるクサシギはイソシギそっくり。お腹の白色の部分が上に切れ込んでいるのがイソシギでクサシギには切り込みがありません。クサシギは海岸沿いではなく、田んぼや用水路など内陸によくいます。

水辺を歩くクサシギ

分類　チドリ目チドリ科
大きさ　15㎝
分布　北海道〜南西諸島
時期　3〜9月

コチドリ ●夏鳥

出合い度 ★★★★★

小さな体と長い翼で長距離を力強く移動する

目のまわりの黄色いリングとオレンジ色の長めの足がチャームポイント。遠距離を渡るために発達した大きな羽をもっています。酔った人の歩き方を「千鳥足」といいますが、これはジグザグに移動と静止を繰り返すチドリの歩き方に似ていることから。ただしコチドリはえさを見つけたら、素早く獲物に詰め寄り捕食するので、酔っ払いのようにノロノロしていません。昆虫類やミミズなどがおもな食べ物。浅い水辺で片脚を震わせて水生昆虫を追い出し、捕食することもあります。

観察ポイント

小石や砂の上に産卵

コチドリは川原や川の中州、埋め立て地などの砂地に産卵します。隠れるところがない開けた場所なので、卵も生まれたばかりのひなも天敵に襲われないように、砂や小石にそっくりに擬態しています。

卵を温めるコチドリのメス

分類	ペリカン目サギ科
大きさ	89㎝
分布	北海道～南西諸島
時期	通年

ダイサギ ●留鳥

水辺で首をS字型に縮めて立つ姿がよく見られる

出合い度 ★★★☆☆

全身が白いサギのなかで最も大きく、長い首と足、そして真っ白な美しい羽毛が目を引きます。オス、メス同色で、夏はくちばしが黒く、胸や背中に長い飾り羽が現れます。冬は飾り羽がなく、くちばしは黄色になります。河川、池沼、水田、干潟など水辺に生息し、魚類をはじめザリガニやカエルなど水辺の小動物を食べます。繁殖の際、サギ科の仲間同士で寄り集まって木や竹の林に巣を作り、集団繁殖地である「サギ山」を作る習性があります。

観察ポイント

飛ぶ様子に注目！

ダイサギが飛ぶ様子を観察してみましょう。長い首を縮めていることに気づくはずです。形の似たツルやコウノトリの仲間は長い首を伸ばして飛びますが、サギは体に対して頭や首が大きいため、首を伸ばして飛ぶと重心が前に偏ってしまうので、首を折りたたんでバランスをとっていると考えられます。

首を縮めて飛ぶ

分類 ペリカン目サギ科
大きさ 68㎝
分布 本州~南西諸島
時期 4~9月

チュウサギ ● 夏鳥

出合い度 ★★★☆☆

「グワー」としわがれた声で鳴く

ダイサギよりひとまわり小さく、コサギよりは大きいのでチュウサギ。ただしくちばしはコサギより短かく、草地で昆虫などを捕らえるのが得意。「グワーグワー」とやかましく鳴きます。全身が白で脚は黒。くちばしの色も夏は黒ですが、冬になると黄色になります。また夏には肩と胸にレース状の美しい飾り羽が現れます。池沼、湿地、農耕地などで生活し、干潟など海水域ではあまり見かけません。小魚や甲殻類などの水生動物や昆虫などがおもな食べ物。

観察ポイント

コンバインの周りに集まるチュウサギ

秋の田んぼで稲刈りをするコンバインを取り巻くチュウサギ。これはコンバインに驚いて飛び出してくるイナゴやカエルを捕食するため。ダイサギやコサギは水中で魚などを捕まえますが、チュウサギは陸上で小動物を捕まえます。

とても効率のいい狩りの方法

分類 ペリカン目サギ科
大きさ 61㎝
分布 北海道～南西諸島
時期 通年

コサギ ● 留鳥

昔から絵のモデルになっている美しい鳥

出合い度 ★★★★☆

カラスほどの大きさのシラサギ。多くのシラサギは黒いくちばしが秋冬になると黄色くなりますがコサギは1年中黒く、脚先だけスリッパを履いたような黄色をしているのが特徴。長いくちばしは水中で魚を捕食するのに適しています。繁殖期の一時期には、頭に2本の長い冠羽が現れ、背の飾り羽は先が巻き上がり、足と目元が婚姻色としてピンク色に変化します。昔から身近な美しい鳥として親しまれ、しばしば日本画のモチーフにもなっています。

コラム

魚をだますサギ

前ページのチュウサギもそうですが、サギはいろいろな方法で狩りをする賢い鳥。たとえば、くちばしで水面に波紋を起こして、昆虫が水面に落ちたように見せかけ、それに寄ってきた魚を捕らえます（波紋漁法）。また水中で魚やザリガニなどを捕らえるときには、脚をゆすって追い出して捕らえます。

水面に波紋を起こしているコサギ

分類　ペリカン目サギ科
大きさ　93㎝
分布　北海道～南西諸島
時期　通年

アオサギ・留鳥

出合い度 ★★★★☆

大きな翼をゆっくりはばたき飛ぶ姿が壮観

名前はアオサギですが翼の上面はうすく黒味のある灰色で、翼の風切羽は青みがかった黒色。正面から見ると白く見えます。英語名は「グレイヘロン（灰色のサギ）」。ダイサギと並び、日本で最大のサギです。成鳥は首が白く、頭に黒い冠羽があります。ダイサギ同様首を縮めて飛びます。最近の30年で増加し、日本中で見られるようになりました。魚類や両生類、は虫類、昆虫などをおもなえさとしており、コイやウナギのような大きな魚からネズミやヒヨドリ、ウシガエルまで、なんでも丸呑みにしてしまいます。

コラム

夫婦の契りの印

紀元前に古代シルクロードにあったローラン王国の女性のミイラが1980年に発見されました。それにはアオサギの羽が添えられていたのだそうです。この時代には夫婦となった証として、新郎から新婦にアオサギの羽を贈るならわしがあったと考えられています。

アオサギのつがい

分類 ペリカン目サギ科
大きさ 58㎝
分布 北海道〜南西諸島
時期 通年

ゴイサギ ● 留鳥

夜カラスのように鳴くことから「夜烏」とも呼ばれる

出合い度 ★★★★☆

生息地は河川や湖沼、湿原などの水辺ですが、昼間は林の中でじっとしていて、夕方になると川や池へ出かけて魚やカエルなどを捕る夜行性のサギです。人家の庭にある池のコイや養魚場の魚を捕まえることもある、時に迷惑な鳥。

ほかのシラサギの仲間と比べると、灰色の頭と翼と尾が地味な印象で、足や首が短くずんぐりしています。後頭部には、白色の冠羽が数本ありますが、個体によってはないことも。ほかのシラサギの仲間と集団繁殖をします。

コラム

ペンギンからのおすそ分け？

人家の池や養魚場だけでなく動物園や水族館のペンギンの飼育コーナーに侵入して、ちゃっかりえさをかすめ取るゴイサギの姿が目撃されています。ペンギンはほかの鳥には興味がないので追い払われることもなく、一見すると色もペンギンに似ているので、飼育員も気が付かないことがあるそうです。

上野動物園でペンギンのえさを食べるゴイサギ

分類	ブッポウソウ目カワセミ科
大きさ	17㎝
分布	北海道～南西諸島
時期	通年

カワセミ・留鳥

出合い度
★★★★★

バードウォッチャーの間でもっとも人気の高い鳥の一種

鮮やかなコバルトブルーの背とオレンジ色の下面をもつ、くちばしの大きな小鳥です。光の具合によって青にも緑にも輝くことから、「飛ぶ宝石」とも呼ばれ、昔から人々に愛されてきました。土の崖に横穴を掘って巣をつくり、池や川など淡水域の水辺でえさをとるのが普通です。清流の名ハンターという異名もあり、ハンティングの成功率は70％を超えるのだとか。子育てはペアで行い、ヒナに運ぶ1日のエサの数は40～50匹にも及ぶというから驚きです。

観察ポイント

かっこいい捕食シーン

水辺のハンター、カワセミの捕食シーンは見ごたえがあります。まず水辺を見渡せる枝や岩の上にとまって水中の魚やザリガニを観察します。そして狙いを定めたら、一気に水中にダイブして獲物を捕まえます。大きな獲物は、枝や岩に叩きつけて弱らせて、頭から呑み込みます。

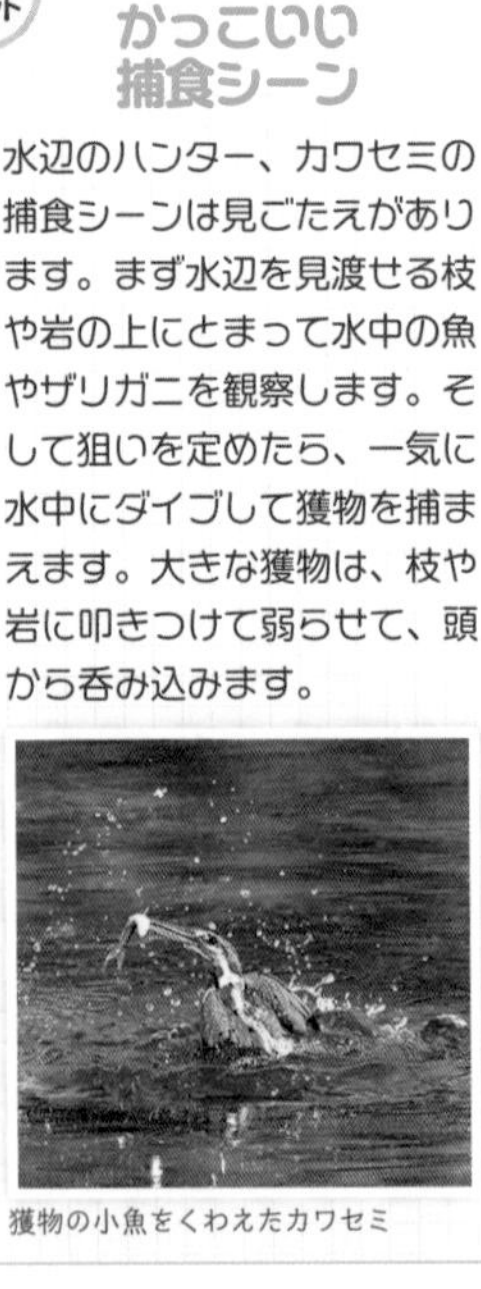

獲物の小魚をくわえたカワセミ

分類	カツオドリ目ウ科
大きさ	81㎝
分布	北海道～南西諸島
時期	通年

カワウ ●留鳥

水ぎわで翼を大きく広げて休む姿が見られることも

出合い度 ★★★☆☆

全身ほぼ黒色の大型の水鳥です。魚を水中で捕らえ、水面まで運んで飲み込むという捕食スタイルのため、はさんだ魚を逃さないようくちばしの先がかぎ型になっているのが特徴です。大型の水鳥は飛び立つときには助走が必要です。ハクチョウは左右の足を交互に出して水上を走りますが、ウやペリカンの仲間は、両足を揃えて跳ねていることにも注目しましょう。50年前には、全国で2000羽ほどだった数が、現在は首都圏だけでも1万羽あまり生息しているといわれています。

観察ポイント

東京上空で編隊飛行

多摩川や江戸川周辺では、秋から冬にカワウの大群の編隊飛行がよく見られます。これはねぐらのある海岸の松林とえさをとる川との間を往復しているためです。V字の編隊はよくガンの編隊飛行と間違えられます。

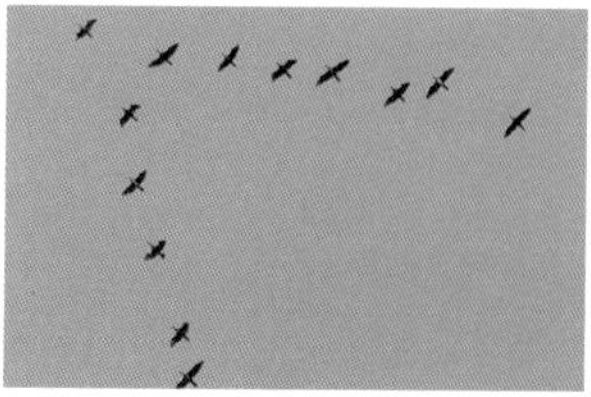

江戸川の上空を行くカワウの編隊

分類　カイツブリ目カイツブリ科
大きさ　26㎝
分布　北海道～南西諸島
時期　通年

カイツブリ・留鳥

出合い度 ★★★☆☆

夏のはじめにヒナを連れて泳ぐ姿が大人気

繁殖期にはほおから首が赤茶色、冬は黄茶色となる淡水に住む水鳥。カモ類とは違って体は丸くて小さく「ケレレレ……」と甲高い声で鳴きます。くちばしと足の形にも注目。カモ類のくちばしは横に平たいですが、カイツブリのそれは短くとがっています。またカモには足指の間に水かきがありますが、カイツブリの水かきは指と指の間ではなく、足指についています。潜水の名手ですが、歩くのは苦手。水中に潜って小魚やエビ、水中昆虫を捕らえて食べます。

コラム

独特な巣づくりで子どもを守る

カイツブリは、水上に浮く特別な「浮き巣」で子育てをすることで知られています。ヨシや水草の茂った静かな沼や池の水面に、ヨシの枯れ葉や水草を寄せ集めて皿形の浮き巣を作り、ヨシの茎などにからめて漂わないようにします。浮き巣は、水の増減に影響されず、また外敵に襲われにくいなどの利点があります。

浮き巣で子育てするカイツブリ

分類 ツル目クイナ科
大きさ 32㎝
分布 北海道〜南西諸島
時期 通年

バン ● 留鳥

指の長い太い足で泥地も難なく歩き回る

出合い度 ★★★☆☆

湖沼や湿地、水田に生息。「クルルッ」と鳴く大きな声が「田を守る番人」のようだといわれ、そこからバンと呼ばれるようになったといわれています。体は褐色と黒ですが、くちばし（先端は黄色）と額の赤が目立ちます。足に水かきがないため泳ぎは得意ではなく、水上では首を前後に振って全身を使って進みます。泳ぎが苦手な代わりに、大きくがっしりとした強靭《きょうじん》な脚をもち、水際の浅瀬や浮いた水草の上、泥のぬかるみを歩き回りながら昆虫や小動物を探し、捕まえます。

コラム

弟や妹の子育てをお手伝い

バンの成鳥はひと夏に２回繁殖することがありますが、２回目の繁殖では、１度目の繁殖で生まれた若鳥が、親鳥の縄張りに残って、ヘルパーとして子育てを手伝う習性が知られています。幼い弟や妹の身を守りながら献身的に面倒をみる若鳥の姿には心温まります

子育てを手伝うヘルパー

分類	チドリ目カモメ科
大きさ	28㎝
分布	本州～南西諸島
時期	3～10月

コアジサシ・夏鳥

出合い度
★☆☆☆☆

獲物めがけて高速ダイブ！

海岸や川などの水辺に生息し、狙いをつけて頭から水に飛び込み魚を捕えます。その様子から鯵刺（あじさし）の名前が付けられたといわれています。海岸や河川などの砂浜、砂利地、荒地などの開けた地面のくぼみに直接卵を産みます。多数が集まって繁殖し、天敵に対して集団で卵やひなを守ります。鳴き声は「キリッキリッ」。北半球に広く分布して繁殖し、南半球で越冬する鳥ですが、日本では繁殖地となる場所の減少やカラスによる捕食もあり、絶滅が危惧されています。

観察ポイント

小石や貝殻を集めた巣

工事現場や埋め立て地の土の上に、小石や貝殻を集めて巣を作り産卵します。卵の殻は褐色や灰色で、表面に大小の黒い斑点模様がついているので卵がカモフラージュされます。近くから見ても地面と巣の見分けがよくつきません。

コアジサシの卵

分類	チドリ目カモメ科
大きさ	40㎝
分布	北海道〜南西諸島
時期	10〜4月

ユリカモメ ● 冬鳥

真っ白の体に赤いくちばしと脚がよく映える

出合い度 ★★★★☆

くちばしと脚が鮮やかな赤色なのがユリカモメの特徴です。おもに魚を食べますが、カラス同様に雑食性で、街中ではゴミをあさったりすることも。岸辺でパンなどを投げると空中でみごとにキャッチします。冬の間は頭が白く、日本を去る春頃には、頭が黒い頭巾をかぶったようになります。『伊勢物語』のなかで、在原業平が墨田（隅田）川で詠んだミヤコドリの歌は、このユリカモメだといわれています。東京都の都鳥に指定されています。

観察ポイント

ウミネコとユリカモメ

細長い翼で水辺をゆったり飛ぶカモメの仲間。日本で見られるカモメの仲間はほとんどが冬鳥なので、春から秋の間に姿を見るカモメの仲間は留鳥のウミネコです。秋冬に飛来する多くのカモメたちは沿岸部で暮らすことが多いので、河川や湖沼など内陸に入り込むのはユリカモメ。ウミネコはくちばしの色も違います。

ウミネコはくちばしと足が黄色

分類	ツル目クイナ科
大きさ	39㎝
分布	北海道〜南西諸島
時期	11〜3月

オオバン ●冬鳥

出合い度 ★★☆☆☆

クイナの仲間ではいちばん大きく最近急増中

ずんぐりとした卵のような体型の水鳥で、各地で個体数が増えています。額からくちばしの白いラインが特徴的で、黒い羽毛とのコントラストが際立ちます。赤い目とがっしりとした長い脚。そして長い脚の各指には弁足（べんそく）と呼ばれる水かきがついていて、植物の葉っぱのような独特の形をしています。まん丸の胴体からおっとりとした印象を受けますが、実は運動神経は抜群。泳ぎも潜水も大得意で危険を感じると走って水に飛び込みます。

観察ポイント

おしゃれ？はげている？

白い額がトレードマークのオオバン。モノトーンのおしゃれな配色と軽やかな身のこなしから、西洋では優雅なもののシンボルとなっているそう。一方で、オオバンは英語ではcootといいますが、「はげあがっている」という意味を表す“as bald as a coot（オオバンと同じくらいはげている）”という言葉もあります。

頭に大きな特徴があるオオバン

分類　カモ目カモ科
大きさ　60㎝
分布　北海道〜南西諸島
時期　通年

カルガモ ● 留鳥

ひなが親について歩く行列がニュースになることも

出合い度 ★★★★★

全体に黒褐色で、白っぽい顔に2本の黒い線が入っています。くちばしの先端部分が黄色いのも特徴です。日本で見られるカモの仲間は30種を越えますが、その多くは冬鳥。春夏に繁殖しているのはカルガモくらいです。おもに植物の葉や種、水生の小動物を食べます。都心にある人工の池でも繁殖することがあり、ひなを連れた親鳥が道路を横断する様子がニュースになることも。人の近くにいることで天敵のカラスやヘビなどにひなが襲われる危険性が低くなると考えられています。

コラム

初めて見たものがお母さん

カモ類には、ふ化したひなが最初に見た動く物体を親とみなす「刷り込み」という習性があります。ひなたちは刷り込みによって親と認識した相手の後をついてまわり、その行動を学習しながら成長します。時にまったく別の生きものを親とみなしてしまうことも。

親鳥について歩くカルガモのひな

分類　カモ目カモ科
大きさ　オス75㎝　メス53㎝
分布　北海道〜南西諸島
時期　10〜4月

オナガガモ・冬鳥

出合い度
★★★★★

白い胸がまるでタキシードを着ているよう

ほかのカモに比べて長めの尾羽と全体的にシックな色合いがスマートな印象を与えます。メスよりオスの方が大きいのは、もともとの体の大きさに加え、名前の由来にもなっている尾羽の中央2枚が10㎝ほど長いからです。湖沼や河川のほか、干潟など広い水面に、たくさんの群れで飛来し越冬しますが、都市部の公園の池に来るものもいます。水面に逆立ちして水草の葉や根などを食べます。公園に来る個体は餌付けされたパンや穀物も食べています。

コラム

メスを取り巻き集団お見合い

オナガガモは越冬中に５〜６羽のオスが１羽のメスを取り囲んでプロポーズします。頭をうしろに振ったり、尾をプルプルッと震わせたり、おしりを上に突き上げてみたり、くちばしで水をはねたり、メスを取り囲んでいるオスたちは、さまざまなパフォーマンスで自己アピールをします。

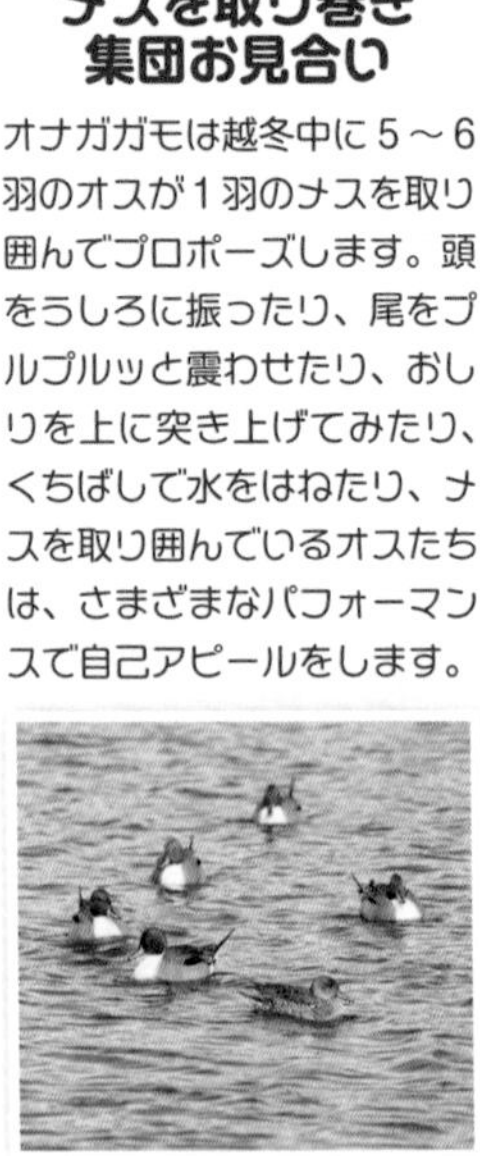

１羽のメスを取り囲むオスの群れ

分類 カモ目カモ科
大きさ オス51㎝　メス43㎝
分布 北海道～南西諸島
時期 11～3月

ハシビロガモ ・冬鳥

出合い度 ★★★☆☆

自慢のくちばしで上手にえさをとる

スコップのような平べったいくちばしが特徴。名前も幅広いくちばしに由来します。ちなみに英語では「ショベラー」です。上下のくちばしの内側にブラシ状の構造があり、水ごと吸い込んだプランクトンなどをこし取って食べます。オスは頭が光沢のある緑色、背は白黒模様、胸は白色、腹と脇は赤褐色など、カラフルな容姿でメスにプロポーズします。メスは褐色で黒褐色のまだら模様が全体にあります。数羽から十数羽の群れをつくるのが一般的です。

観察ポイント

えさ取りは集団でぐるぐる

小さなプランクトンを食べるためハシビロガモはくちばしを水につけたまま泳ぎます。泳ぐ足が水をかき回すとプランクトンが浮き上がり、それを狙った個体が後ろにつき、さらにその個体が巻き上げるプランクトンを別の個体が狙います。それを繰り返して何十羽も集まると、ぐるぐると大きな渦ができあがります。

ぐるぐる回るハシビロガモ

分類	カモ目カモ科
大きさ	オス45㎝　メス41㎝
分布	北海道～南西諸島
時期	11～3月

オシドリ ・冬鳥

出合い度 ★★★☆☆

つがいで寄り添って過ごす様子が微笑ましい

メスにアピールするためオスは派手な色彩ですが、メスはとても地味。仲良く一緒にいる様子が「オシドリ夫婦」という言葉の由来です。ところが実際のオシドリのつがいが一緒にいるのはひとシーズンだけで、冬ごとに毎年パートナーが変わっているのです。子育ては大木の空洞などで行い、ひなが大きくなると木から飛び降りて水辺に移動します。冬には都会の公園の池などで越冬します。草の実やドングリ、植物の種のほか、水生の植物や魚も食べます。

コラム

夏は地味な姿になる オシドリのオス

「世界一美しいカモ」といわれるオシドリのオスですが、実は美しいのは繁殖期の秋から春にかけてだけ。夏になると羽が生え変わってメスと同じような地味な姿になり、一見するとオスとメスの区別がつきません。これは繁殖期以外は地味でいたほうが天敵に襲われにくいためです。

夏のオシドリのオス

分類	カモ目カモ科
大きさ	150㎝
分布	北海道〜南西諸島
時期	通年

コブハクチョウ ●留鳥

日本にはいなかった美しい鳥の代表

出合い度 ★★☆☆☆

真っ白な体と長くしなやかな首、小さな頭という優美な姿で知られる大型の水鳥。名前の由来はくちばしの付け根にある黒いコブ。ヨーロッパ原産ですが、現在各地で観察されているコブハクチョウが、動物園や公園で飼育されていたものが野生化したのか、実際に生息地から飛来して留まっているものかは区別できません。水辺に生えるマコモが好物ですが、餌付けされているものも多数。アシなどの葉で水辺に大きな巣を作って卵を産み、春先にひなが生まれます。

コラム

3種類のハクチョウ

日本で見られるハクチョウはコブハクチョウのほか、冬にやってくるオオハクチョウとコハクチョウ。3種の違いはくちばしにあります。

オオハクチョウ（黄色い部分の先がとがる）　コハクチョウ（黄色い部分の先が丸い）　コブハクチョウ（付け根にコブがある）

生きもの観察を楽しむ

えさ台＆巣箱を作ってみよう

すぐ近くで生態を観察するために、えさ台や巣箱を作って鳥を呼び寄せてみましょう。

えさ台

えさ台には大きく分けて２種類、置くタイプと吊るすタイプがあります。

紙パックのえさ台

紙パックで吊り下げ型のえさ台を作る方法。中に入れるえさを変えることで、さまざまな小鳥が集まります。

● 作り方 ●

① 500ml の紙パックを、下から 2.5cm ほどの高さを残して４面切り抜く。
② 側面の底に近い部分に穴をあけ、足場になる割りばしを挿す。
③ 中にえさをのせる。

針金とえさだけを使うお手軽な方法も！

フルーツ吊り下げ型

ミカンやリンゴなどのフルーツに直接、針金でさして吊るす方法。メジロやシジュウカラ、ヒヨドリなどがやってきます。

メジロは甘いものが大好き

ピーナッツリング

殻の両端を切った落花生の中心に針金を通し、リング状にして吊るします。シジュウカラやスズメ、ヤマガラ、ヒヨドリなどが見られます。

鳥たちは殻の穴から器用についばむ

置き型のえさ台

1.5m ほどの高さの棒の上に、釘で台を打ち付けて作ります。雪の多く降るところでは屋根を設置しましょう。吊り下げ型よりも安定感があり、複数の小鳥がやってくることもあります。

巣箱

しっかりとした木の幹に、地上から 2.5m 程度の場所に木製の巣箱を設置しましょう。入り口の穴の直径にもよりますが、シジュウカラやヤマガラ、ムクドリやスズメなどが巣箱を利用します。

鳥は、卵やヒナを保護して育てるために巣箱を利用する

えさ台を置く時の注意点

- 食べ物が豊富な春夏を避け、木の実や虫が少なくなる 11 ～ 3 月に設置しましょう。
- 置くえさは 1 日で食べきれるぶん。新鮮なものを置きましょう。
- 鳥のストレスにならないように、空間のゆとりをもって設置しましょう。
- えさ台とその周りをこまめに掃除しましょう。
- ご近所さんの迷惑にならないように気を付けましょう。

生きもの観察を楽しむ

鳥の観察に行こう！

鳥の観察をする時に気を付けたい服装のポイントや、あると便利な道具をご紹介。

服装と持ち物

服装

鳥は目がいいので派手な色の服はすぐに見つかって警戒されます。茶色や周りの色に合わせた緑色などがおすすめ。

帽子

日差しや紫外線防止のためにツバつきの帽子があるとよいでしょう。

かばん

双眼鏡が使えるように、両手がふさがらないものにしましょう。

くつ

運動靴やスニーカーなど、はきなれた歩きやすい靴。できれば防水加工されたもの。

あると便利な道具

双眼鏡

10 倍の双眼鏡は、100m 先にいる鳥が 10m 先にいるぐらいの大きさで見られるので、遠くにいる鳥のしぐさや表情まで観察できます。

● 双眼鏡選びのポイント ●

倍率は、初心者でも観察のしやすい 7 ～ 8 倍がおすすめです。視野が広いので素早く動く鳥を視界に捉えやすく、薄暗い林の中にいる鳥でも比較的明るく見えます。

スマートフォン・デジカメ

出合った鳥の生態を写真や動画、音声で記録に残すことができます。姿が見られない場合でも、鳴き声を録音しておけば、自宅にもどって鳥の名前を調べることができます。

さんぽで出合える

昆虫とクモ、小さな生きもの

地球上の生きもので、
一番種類が多いのが昆虫。
そして散歩で出合う生きもので
一番多いのも昆虫です。
散歩の途中で、立ち止まって、
しゃがんで近くの葉っぱや地面を
観察してみましょう。
さまざまな小さな生きものたちの世界が
広がっています。

昆虫と出合う楽しみ

昆虫は一番近くで見ることができ、簡単に手で触れることもできる生きもの。その姿だけでなく、行動や生態も詳しく観察することができます。昆虫を知ることは自然を知ること。昆虫は、人間と自然とのかかわりや環境の変化など、いろいろなことを学ぶ機会を与えてくれます。

昆虫観察の方法

自然のままの姿で観察するのが理想ですが、その場にじっとしていてくれるわけではありません。とりあえずは捕まえて虫かごなどに入れた状態で見ること。生きている状態で、すぐ近くで観察できます。透明なプラスチックのケースなどを用意して、観察が終わったら逃がしましょう。

捕まえたセミをじっくり観察

写真を撮る

捕獲が難しいものは、写真を撮ってみる方法もあります。クローズアップで撮影できるデジタルカメラがあるといいですが、スマートフォンでも拡大して撮影できるマクロレンズを装着して撮ることも可能です。

飼育する

カブトムシやクワガタなどは、飼育をしながら観察することもできます。じっくり時間をかけて生態を観察するにはいいでしょう。

昆虫観察で気をつけたいこと

- **捕獲が禁止されている昆虫は採集しない。**

　昆虫を捕まえることが禁止されている場所があるので、その場のルールにしたがいましょう。

- **自然を荒らさない。**

　むやみに木や草を折ったり、地面に穴をあけたりしない。穴をあけたらもとに戻しておきましょう。

- **危険な昆虫や虫に注意する。（→ P.203）**

美しいハンミョウ

完全変態と不完全変態

昆虫が、卵から成虫になる間に形が変わることを変態（へんたい）といいます。変態する生きものは昆虫だけでありませんが、昆虫は変態の過程がわかりやすく、楽しく観察できます。

完全変態

卵から幼虫になる段階（ふ化）、幼虫からさなぎになる段階（よう化）、さなぎから成虫になる段階（羽化）、それぞれの段階で形が変わるのが完全変態です。チョウ、カブトムシなどの甲虫、ハチやアリなどが完全変態する昆虫です。

コクワガタ

アオスジアゲハ

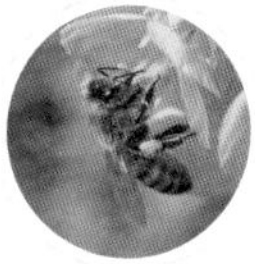
セイヨウミツバチ

不完全変態

卵から幼虫になる段階（ふ化）は一緒ですが、幼虫から脱皮を繰り返して成虫になるものが不完全変態です。バッタ、カメムシ、トンボなどが不完全変態の昆虫です。

トノサマバッタ

チャバネアオカメムシ

ハグロトンボ

住宅街の昆虫

庭やベランダの草木に集まる昆虫たちは、私たちに一番近いところに住む生きもの。場所、季節、時間帯によっていろいろな昆虫が見られます。同じ種類の昆虫でも季節によって大きさが違うことも。

どこにいる？

- ベランダや花壇に咲く花や観葉植物の周り。
- 庭の立ち木や街路樹。
- 広場や学校の校庭、空き地。
- 庭石の下。

気を付けよう！

- 人の家の庭や花壇に入らない。
- 花や木の枝をとったり、折ったりしない。
- 道路などでは通行の邪魔にならない場所で観察する。

分類 チョウ目アゲハチョウ科
大きさ 春型：40～45㎜　夏型：50～60㎜
分布 北海道～南西諸島
時期 4～10月

ナミアゲハ（アゲハ）

庭で、ベランダで、草原で、最もよく目にするチョウ

出合い度 ★★★★★

黒地に白の模様や線が入ったはね（翅）のチョウで、春から秋の長い期間見られます。さなぎで冬を越して春に成虫になるもの（春型）と、春から夏にかけて卵から成虫となるもの（夏型）があり、同じ種ですが夏型のほうが大きいです。アゲハといえばこのナミアゲハを指します。前ばねの付け根が黒いキアゲハとも似ていますが別の種。アゲハの仲間の多くはかんきつ類（ミカンなど）やサンショウの木に卵を産み、幼虫はその葉を食べます。

観察ポイント

アゲハの幼虫を探してみよう

見ると鳥のフンのようなものが付いているのを見かけます。実はこれはアゲハの幼虫。幼虫は大きくなるに従って形が変わりますが、卵からかえったばかりの幼虫は鳥などの敵に襲われないように擬態をしています。

鳥のフンのようなアゲハの若齢幼虫

アゲハの終齢幼虫

分類	チョウ目アゲハチョウ科
大きさ	35～45㎜
分布	本州～南西諸島
時期	5～10月

アオスジアゲハ

出合い度 ★★★★☆

青が印象的。街中でもよく見かける

幼虫が食べるのが都市の街路樹として植えられているクスノキの葉なので、街中でよく見かけます。大きさはナミアゲハと同じくらいですが、青い筋が入った黒いはねが特徴。北海道以外の日本全土で観察されています。とても敏《びん》捷《しょう》に飛び回り、捕まえるのはなかなか難しいですが、吸水のために水たまりに下りてくる習性を利用して、地面に水をまき、さらに水面に青い紙を散らして仲間がいるように見せかけることでおびき寄せることができます。

コラム

種類によって住む場所が異なります

同じアゲハの仲間でも幼虫が食べる草木の好みにより住む場所が違ってきます。街路樹のクスノキが好きなアオスジアゲハは都会暮らし。かんきつ類の庭木が多い住宅地ではナミアゲハ。ニンジンやパセリの葉を好むキアゲハは郊外の畑の周辺でよく見られます。

水たまりに集まるアオスジアゲハ

分類 チョウ目アゲハチョウ科
大きさ 60〜70㎜
分布 本州（近畿以南）〜南西諸島
時期 4〜10月

ナガサキアゲハ

黒いはねで優雅に舞う大型のアゲハチョウ

出合い度 ★★★☆☆

アゲハの仲間で最大。ほかのアゲハはオスとメスの違いはわかりにくいですが、この種はオスの表のはねが真っ黒で、メスのはねには白い筋がはいっています。ナミアゲハ同様、幼虫はかんきつ類の葉を食べます。若齢の幼虫の大きさはナミアゲハと変わりませんが、成長するにつれて明らかに違ってきます。江戸時代に長崎にきた博物学者のシーボルトが採取したのが名前の由来。かつては九州など日本の南の地域のみで観察されましたが、近年生息域が北に広がっています。

コラム

虫で知る温暖化①

江戸時代には九州以南でしか見られなかったナガサキアゲハは、1940年代には中国、四国地方で、1960年代には近畿地方で見られるようになりました。温暖化による日本列島の気候変動の証拠とされています。現在は福島県や宮城県でも観察されています。

ナガサキアゲハのメス

分類	チョウ目アゲハチョウ科
大きさ	50〜60㎜
分布	本州〜南西諸島
時期	4〜9月

ジャコウアゲハ

出合い度 ★★☆☆☆

香水のような匂いを出す不思議なアゲハ

ジャコウは香水の材料にもなる「ムスク」とも呼ばれる甘い香り。オスのはねのりん粉からこの匂いがすることが名前の由来です。オスのはねは黒地に黒い筋が入っており、メスはくすんだ白地に黒い筋が入っているのですぐに見分けられます。川の土手や森の周辺でよく見られるウマノスズクサという多年草の葉が幼虫のおもな食べ物。アゲハは成長に応じて幼虫の見た目が変わりますが、このチョウはサナギになるまで外見が変わりません。

コラム

食べられないように真似

ジャコウアゲハにそっくりのアゲハモドキ（ガの仲間）。ジャコウアゲハの幼虫が食べるウマノスズクサには毒があり、幼虫はその毒を体内に蓄積したまま成虫となります。鳥などの天敵は毒をもつジャコウアゲハを襲いません。アゲハモドキは、ジャコウアゲハに姿を似せることで天敵から逃れているのです。

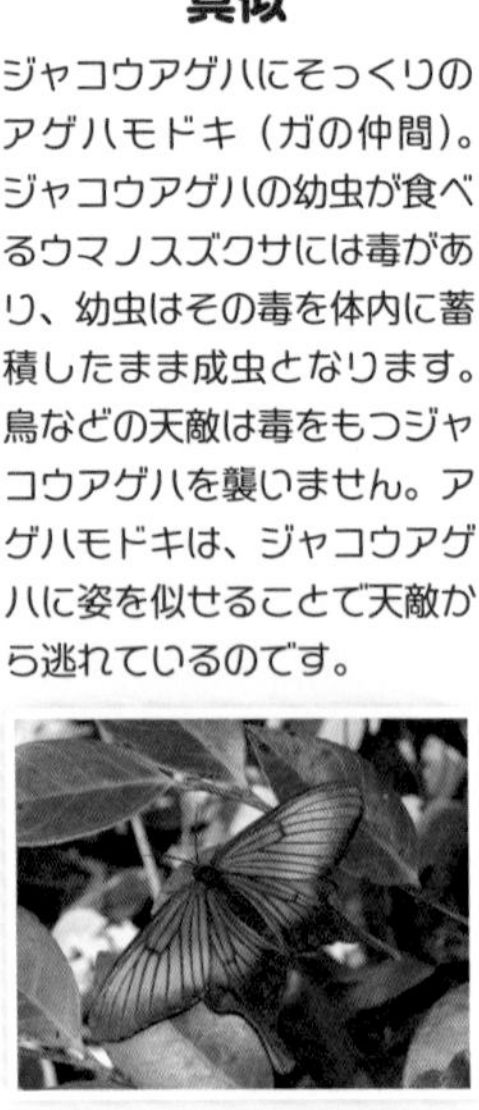

アゲハモドキには毒はありません

分類	チョウ目シジミチョウ科
大きさ	12~15㎜
分布	本州~南西諸島
時期	4~11月

ヤマトシジミ

数多くの仲間がいる春の野原を華やかにする存在

出合い度 ★★★★★

シジミチョウの仲間はおそらく日本で一番たくさん見られる種類のチョウでしょう。小さなはねをヒラヒラさせ、花を渡り歩くヤマトシジミは、本州以南の都会から山野まで、どこでも見ることができます。高温や乾燥に強いカタバミという植物に卵を産み、幼虫はその葉を食べて大きくなります。はねは表が青色で、裏側が灰色に黒の斑点。成虫はなぜか黄色い花を好んで蜜を吸います。探す際は、まず黄色い花の周りを見てみましょう。

コラム

美しいシジミチョウの仲間

シジミチョウの仲間は、北海道を含め日本全国に生息しています。はねの色は青だけでなく緑や紫、オレンジ色などがあり、オスが金属のような光沢のある美しいはねをもっているものもいます。

ムラサキシジミ

ミドリシジミ

ベニシジミ

分類　チョウ目タテハチョウ科
大きさ　32～40㎜
分布　本州～南西諸島
時期　4～11月

ツマグロヒョウモン

出合い度
★★★★☆

花壇にスミレを植えている人は注意して

ツマは端の意味。はねの端が黒くて、オレンジのはねに黒い斑点が動物のヒョウを思わせることが名前の由来です。ただし前ばねの端が黒いのはメスだけ。元々日本では南西諸島や九州など温かい地域でしか見られなかったチョウですが、温暖化にともない生息域を広げ、今は関東地方北部でも普通に見られます。幼虫の好物はパンジーなどのスミレ類の葉。油断をしていると、花壇に植えた株を食欲旺盛な幼虫があっという間に食べつくしてしまいます。

コラム

見かけ倒しの幼虫

ツマグロヒョウモンの幼虫は、黒い体に赤い線が入り、体中にとげをまとった、見るからに毒々しい外見をしています。でも実際は毒があるわけではなく、とげも触ると柔らかくて刺さるわけではありません。いかにも毒がありそうな外観は、鳥などの天敵に襲われにくくするため。毒のあるガの幼虫に似せた擬態です。

見かけ倒しは幼虫の生きる知恵

分類　チョウ目ヤママユガ科
大きさ　45～55㎜
分布　北海道～南西諸島
時期　4～8月

オオミズアオ

庭木や街路樹の周辺で見られる、怪しく美しい姿

出合い度 ★★★☆☆

夜行性なので昼間は木の幹や建物の壁にとまってじっとしています。淡い水色の大きなはねを広げた姿はとても目立ちます。幼虫が食べるのはサクラやカエデ、クリの木などの葉。いずれも普通の住宅街にもある木なので、人の生活圏、たとえば街の公園でも観察できる昆虫です。春と夏、年に2回発生し、春に成虫になるものは、さなぎで冬を越します。大型のガらしく幼虫も大きく、緑色で蛇腹のような体にまばらに毛が生えているユーモラスな形のイモムシです。

コラム

大人になると食物を食べない

チョウやガの成虫は、ストローのような管（こうふん）を使い、花の蜜や樹液を吸います。ところがオオミズアオなど、ヤママユガの仲間は、このこうふんがありません。さなぎから羽化した成虫の寿命は１週間ほど。その間にエネルギー補給なしに相手を見つけ、交尾して子孫を残すのです。

羽化したばかりのオオミズアオ

分類　チョウ目スズメガ科
大きさ　26～30㎜
分布　本州～南西諸島
時期　6～9月

オオスカシバ

出合い度
★★★☆☆

一見するとハチと間違えそうな不思議な見た目

ガの多くは夜行性ですが、本種は昼間活動します。公園の花壇などで花の周囲を素早く飛び回る姿は、ガというより大きなハチ。スカシバの名前の通りはねが透けているのもハチのように見える理由ですが、くびれのない大きな体は明らかにハチとは違います。空中でホバリングして花の蜜を吸います。幼虫のえさはクチナシなど。葉っぱだけでなく、花やつぼみも食べてしまいます。大きくなった幼虫は地面に下りて、地表でさなぎになり越冬します。

コラム

高速飛行の昆虫

チョウやガの仲間は、体よりも大きなはねを動かしてヒラヒラ飛ぶイメージがありますが、スズメガの仲間はだいぶ様子が違います。三角の小さなはねを高速で羽ばたかせて飛行し、その速度は時速50㎞に達することも。昆虫のなかでもトップクラスのスピードです。ちなみにスピードキングのギンヤンマは時速100㎞以上になるとか。

ホバリングするオオスカシバ

分類　チョウ目ドクガ科
大きさ　オス12～14㎜　メス16～18㎜
分布　本州～九州
時期　7月、10月

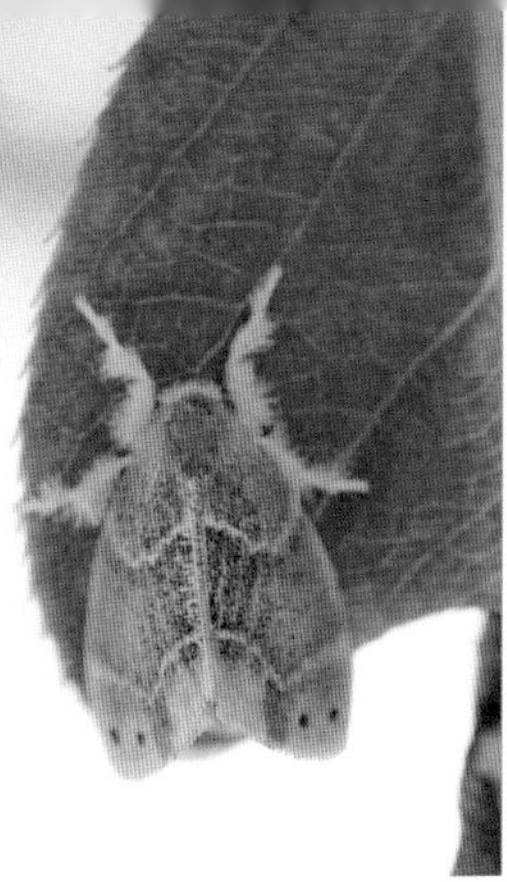

チャドクガ

毒針に触ると炎症を起こすので要注意

出合い度 ★★★☆☆

出合ったらけして触ってはいけない危険な昆虫の代表です。夏から秋にかけて年2回出現し、卵で冬を越します。成虫だけではなく、卵、幼虫、さなぎのどの段階でも触ると目に見えないほどの小さな毒針により皮膚に炎症を引き起こします。名前の由来はお茶の葉につく毒のあるガ。幼虫はチャだけでなくツバキやサザンカなどの葉も食べます。その食欲はすさまじく、駆除しないでおくと木がまる裸にされてしまうほど。健康被害だけでなく、植物にも害をおよぼす厄介な存在です。

コラム

やっかいな毒針

チャドクガの体にある毒針はとても抜けやすく、風に飛ばされたものに触れただけで炎症を引き起こします。また毒針がついた洋服をそのまま洗濯してしまうと、他の服にそれが移ってしまう恐れがあります。

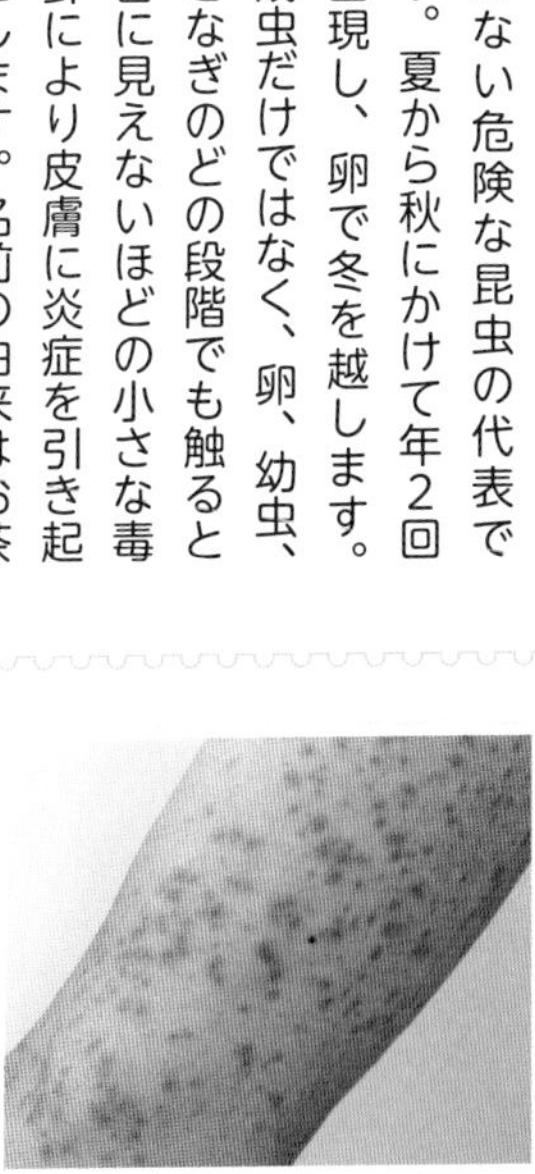

虫の毒によりかぶれた皮膚

分類　チョウ目ヒトリガ科
大きさ　14～16㎜
分布　本州～九州
時期　5月、7～8月

アメリカシロヒトリ

出合い度 ★★★☆☆

アメリカ原産、集団発生して街路樹を食べつくす

戦後、アメリカ軍の物資に付いて日本に侵入したと考えられている害虫で、強い繁殖力のために現在では日本全土に生息域を広げています。チャドクガ（→P.89）のように、毒針が人に直接的な害を与えるわけではないですが、幼虫がとりつく植物はサクラ、ヤナギ、プラタナスなど100種類を超え、さらに集団で木の葉を食べるので、取りつかれた樹木の被害は甚大です。また、初夏と夏、場所によっては秋にも発生することもあるのも大きな問題になります。

観察ポイント　集団で巣を作る幼虫

一般的にチョウやガの仲間は、幼虫が好んで食べる植物にひとつずつ卵を産みます。多くの卵を産むとその植物を食べつくしてしまう可能性があるからです。ところがアメリカシロヒトリは一度に数百個の卵を産み、ふ化した幼虫は集団で巣を作り、植物の葉を食べつくしてしまいます。

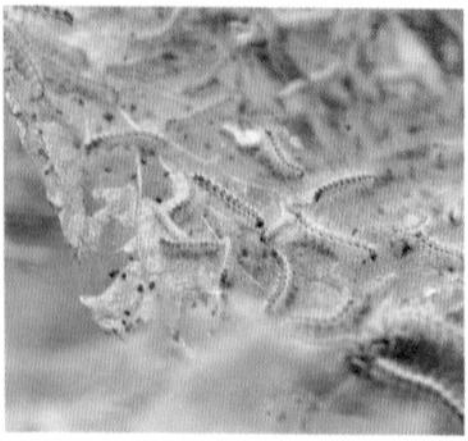

葉に群がるアメリカシロヒトリの幼虫

分類	チョウ目イラガ科
大きさ	14～17㎜
分布	本州（関東以南）～南西諸島
時期	6～9月

ヒロヘリアオイラガ

幼虫に刺されるとかなり痛いので気をつけて

出合い度 ★★★☆☆

はねに広い縁（へり）をもつ青い（緑）イラガ。このガの仲間は、越冬する際に丸く硬い殻をもったまゆを作り、その中でさなぎになります。成虫はずんぐりとしていて、幼虫ももぞもぞ動くサボテンのようで、なかなかユーモラスな外見です。幼虫のとげには毒があり、これで外敵から身を守ります。刺されると強い痛みがあるので要注意。幼虫が活動する5～6月、カキやサクラなどの広葉樹にいるので、葉っぱに触るときは注意が必要です。

観察ポイント

木に付いた卵？

カキなどの木の幹や枝に丸い小さな卵のようなものが付いているのを見かけます。木の芽にも見えますが、これがイラガのまゆ。卵のように見えるのはもっともで、まゆを作っている成分は卵と同じカルシウムです。まゆといえば柔らかなイメージですが、この殻状のまゆは、昆虫が作るまゆで最も硬いといわれます。

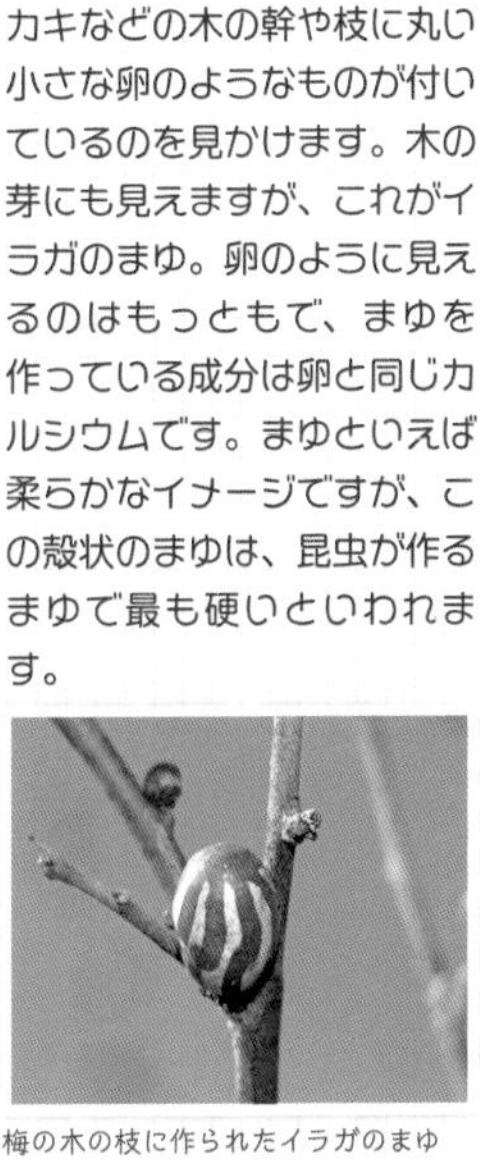

梅の木の枝に作られたイラガのまゆ

分類　ハチ目スズメバチ科
大きさ　17～25㎜（働きバチ）
分布　本州～南西諸島
時期　4～11月

キイロスズメバチ

出合い度 ★★★★☆

身近にいる最も危険な昆虫のひとつ

スズメバチの仲間は毒針をもち、攻撃性が強いのですが、市街地で特に危険なのがこれ。活動時期が4～11月と長く、軒下や屋根裏など人の住む空間にも巣を作るので、遭遇する機会が多くなります。巣に近づくだけで攻撃してくる気性の荒さにも要注意。濃い黄色の体に黒い縞模様が入っていて、オオスズメバチ（→P.145）よりもひと回り小さなサイズ。7～8月にかけて狭い空間にある小さな巣から、軒下や庭木などの開放的な空間の巣へと引越しすることでも知られています。

コラム

スズメバチに遭遇したら？

日本での野生生物による死因のトップはスズメバチ。毎年約30人の方が刺されて亡くなっています。もしスズメバチに遭遇したら、手で追い払ったりしてハチを刺激しないこと。ゆっくりとその場から離れましょう。

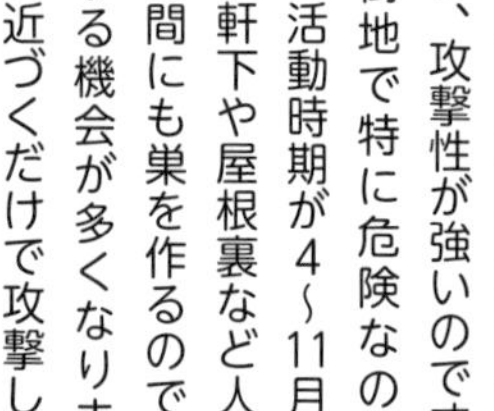

軒下に作られた引越し後の巣

分類　ハチ目スズメバチ科
大きさ　14～18㎜（働きバチ）
分布　本州～九州
時期　4～10月

フタモンアシナガバチ

お腹に丸い紋がある比較的おとなしいハチ

出合い度 ★★★★☆

フタモンという名前は腹部にふたつの丸い紋（もん）があることに由来。長い足をだらりとさげて飛んでいる姿が特徴的です。スズメバチ類よりもおとなしいですが、巣を刺激すると毒針で刺されることがあります。巣はハスの実のような形で、巣穴がむき出しになっているので、六角形の穴や中にいる幼虫を観察することができます。幼虫のえさは、成虫が作る肉団子です。アオムシなどの昆虫を捕獲してかみ砕いたものを団子状にして巣に持ち帰ります。

コラム

計算されたハチの巣

ハチの巣穴はどんなものでも六角形です。その理由のひとつは無駄な空間ができないから。正多角形のなかで、隙間なく並べられるのは正三角形、正方形、正六角形ですが、この中で断面が丸い幼虫を無駄な隙間を作らず収容できるのが正六角形なのです。

フタモンアシナガバチの巣

分類　ハチ目ミフシハバチ科
大きさ　8㎜
分布　北海道〜南西諸島
時期　4〜10月

チュウレンジハバチ

出合い度
★★★☆☆

毒針はないけれど、バラをダメにしてしまうことも

オレンジ色の体に黒い羽。毒針はないので人間を刺すことはありませんが、庭で育てているバラの大敵です。メスの成虫はおしりにあるのこぎり状の針（産卵管）でバラの茎を切り裂き、中に卵を産み付けます。卵からふ化した幼虫は、外に這《は》い出すときに茎を縦に大きく裂いてしまいます。また、たくさん発生した幼虫は葉に群がって葉を食べ始めます。食欲が旺盛で、30日ほどの幼虫の期間に広範囲のバラの苗を丸坊主にしてしまうこともあります。

コラム

幼虫は素早く駆除

チュウレンジハバチの幼虫は緑色で、チョウの幼虫のアオムシのようにも見えますが、頭部が黒色で、ほとんどの体節に脚があることで見分けることができます。木を揺すったりして刺激すると、幼虫はお尻を持ち上げて威嚇します。すぐに駆除しないととりついた植物をあっという間に食べつくしてしまいます。

幼虫が葉を食べることから葉蜂（ハバチ）といわれる

分類	ハチ目アリ科
大きさ	4～6㎜（働きアリ）
分布	北海道～南西諸島
時期	3～11月

クロヤマアリ

家の庭や校庭で一番見られるおなじみのアリ

出合い度
★★★★★

公園や校庭、住宅街などで一番よく見られるアリ。乾燥した平地を好み、深さ1～2mの巣を作ります。ひとつの巣に、産卵だけを行う女王アリとさまざまな仕事をする働きアリがいます。働きアリはすべてメスで、女王や卵、幼虫の世話をする係、巣の外に出てえさを集める係、巣のそうじをする係、巣を守る係など、それぞれ役割分担をします。関東型と関西型があり、関西型にはひとつの巣に女王アリが複数いることがあります。大きな巣では働きアリの数が1万を超えることも。

コラム

働きアリは働きもの？

童話のイメージからか、アリはとても働きものと考えられています。ところが働きアリのうち、よく働いているのは全体の2割、普通に働いて時々さぼるのが6割、ずっとさぼっているのが2割といわれています。

巣の中のクロヤマアリ

分類　ハチ目アリ科
大きさ　3㎜（働きアリ）
分布　北海道～南西諸島
時期　5～10月

アミメアリ

出合い度
★★★★★

行列を作り集団で移動する小さなアリ

クロヤマアリ同様、さまざまな場所で見られる小さなアリ。行列を作って移動する姿を見かけることがあるでしょう。決まった巣を作らず、倒木や植木鉢の下などに一時的な巣を作りながら、えさを求めて頻繁に移動。数万から数十万匹でひとつの集団を作ります。ほかの多くのアリと違って女王アリがいないのも特徴で、働きアリが産卵と子育てをして、移動するときには、卵やさなぎを抱えて移動します。甘いものが好物で、家に侵入してお菓子や砂糖に群がるのもこのアリです。

コラム

アブラムシと大の仲良し

アブラムシは農作物などに被害を与える厄介者ですがアリとは仲良し。アリはアブラムシのおしりから出る甘い汁をもらい、アリはテントウムシなどアブラムシの天敵が近づかないようにしています。このようにお互いに利益がある関係を共生（きょうせい）といいます。

アリが刺激するとアブラムシは甘い汁を出す

分類　ハエ目ニクバエ科
大きさ　8〜15㎜
分布　北海道〜南西諸島
時期　5〜9月

ナミニクバエ

赤い大きな眼と背中の黒い三本線が特徴

出合い度 ★★★★★

ゴミためや便所などに集まって病原体の媒介をする害虫なのでイメージは悪いですが、動物のふんや死がいをそうじしてくれる、役に立つ昆虫でもあります。ニクバエ類は卵胎生（らんたいせい）といって卵ではなく幼虫（うじ）を直接、肉などに産み付ける珍しい昆虫。幼虫は、その場で5〜10日間過ごした後、土にもぐりさなぎを経て成虫になります。成虫になってからの寿命は1ヵ月ほどと短命ですが、羽化後4〜5日で繁殖を始め、メスは死ぬまでに500個くらいの卵を産みます。

コラム

前脚をこするのはなぜ？

とまったハエが前脚をこすり合わせる動きをするのは、脚のそうじ。前脚は天井に張り付くために必要な液を出していたり、味を感じる器官としても使われたりしているので、常にゴミを取り除いてきれいにしておく必要があるのです。

足をこするイエバエ

分類 カメムシ目セミ科
大きさ 36〜38㎜
分布 北海道〜南西諸島
時期 7〜9月

アブラゼミ

出合い度 ★★★★☆

建物の壁に張り付いて鳴く姿を見かける

街中で一番見られるセミ。「ジージリジリジリ」という鳴き声もよく耳にします。黒い体に茶褐色のはね。日本ではおなじみですが、世界的には不透明なはねのセミは珍しく貴重な存在です。街路樹や庭木などで見られますが、茶色の体が目立つため鳥に襲われる個体が多いようです。樹皮に産みつけられた卵は翌年にふ化し、幼虫は4〜6年地中で過ごした後地上に出現。成虫の寿命は2〜4週間でその間にオスは大きな鳴き声で存在感を示してメスにアピールします。

コラム

神秘的な羽化を見に行こう！

夏の夜、土から出た幼虫は場所を決めるとしばらくじっとします。まず背中に縦の裂け目が入り、そこから１時間ほどかけて成虫がゆっくり出てきます。羽化したてのはねはきれいな薄緑色。体やはねがかたくなり、飛べるようになるまで数時間かかります。

羽化するアブラゼミ

分類 バッタ目コオロギ科
大きさ 15〜24㎜
分布 本州〜九州
時期 8〜11月

アオマツムシ

街路樹から聞こえるうるさいほどの大合唱

出合い度 ★★★★☆

細長い葉っぱのような緑色の虫で、オスのはねには褐色の模様があります。都市部の街路樹や公園などの樹上で暮らし、「リー・リー」という声で鳴きます。1匹が鳴き始めるとほかの個体も鳴き出し、うるさいほどの大合唱になることも。10月頃、メスは枝の中に卵を産みつけ、卵はその場で冬を越して夏にふ化します。幼虫、成虫ともにサクラの葉などを食べ、一生を樹上で過ごすので、姿を見たことはないけれど、鳴き声は聞いたことがあるという人も多いかもしれません。

コラム

マツムシとアオマツムシ

唱歌『虫のこえ』に登場するマツムシは「チンチロリン」と美しい声で鳴く虫。秋に鳴く虫として親しまれてきた在来種です。一方アオマツムシは、明治時代に中国大陸から日本に侵入してきた外来種。秋にはほかの虫をしのぐほど大きな声で鳴いています。

マツムシのオス

分類　バッタ目カネタタキ科
大きさ　9～12㎜
分布　本州～南西諸島
時期　8～11月

カネタタキ

出合い度
★★★★☆

カネをたたくような小さい音を出す

前ページのアオマツムシ同様、街路樹や庭木の樹上などに生息しています。「チン・チン・チン」とカネをたたくような小さい声で鳴くのが名前の由来。メスにははねがなく、オスも丸くて小さな前ばねがあるだけです。コオロギの仲間ははねをこすり合わせ空気を振動させて鳴く（音を出す）ので、小さいはねのカネタタキの鳴き声も大きくありません。夏から秋にかけてはほかの虫の鳴き声にかき消されてよく聞こえませんが、秋が過ぎ、ほかの虫が静かになると声がよく聞こえてきます。

コラム

バッタやコオロギの耳

バッタやコオロギの仲間は夏から秋にかけて、大きな声で鳴きますが、これらの虫は音を聞き取れる耳をもっています。多くの昆虫は触覚で音を感じていますが、コオロギやキリギリスの仲間は前脚に、バッタの仲間は腹部に音を感じる器官があります。

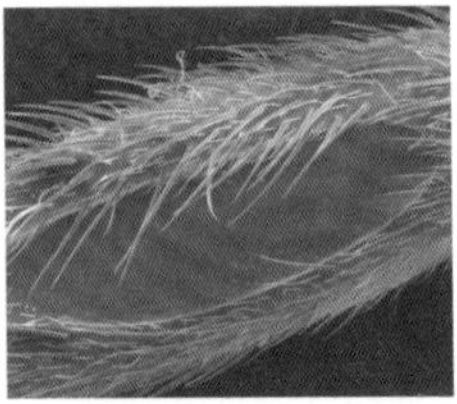

エンマコオロギの感覚器の顕微鏡写真

分類	ハサミムシ目マルムネハサミムシ科
大きさ	18～36㎜
分布	北海道～南西諸島
時期	4～10月

ハサミムシ

お尻に大きなハサミをもつ変わった虫

出合い度 ★★★☆☆

はねがなく節にわかれた体、そしてお尻には大きなハサミをもつ、かなり個性的な外見の虫です。一見するとはねは退化してしまっているよう見えますが、種類によっては畳み込まれたはねがあり、それを広げてちゃんと飛ぶことができます。ゴミ捨て場や庭の石の下、枯葉の下など、湿気のある場所を好みます。たまに部屋の明かりに誘われて室内に入ってくることもありますが、毒があるわけではなく、お尻のハサミは挟まれてもそれほど痛くありません。

コラム

すごいハサミムシの子育て

ハサミムシのメスは、昆虫には珍しく産んだ卵がふ化するまで世話をします。その期間は１ヵ月以上になることもあり、その間母ハサミムシは、えさも食べずに付きっ切りで卵を見守ります。さらにすごいのは、えさをとることができないふ化したばかりの幼虫に自分をえさとして与えて死んでいくのです。

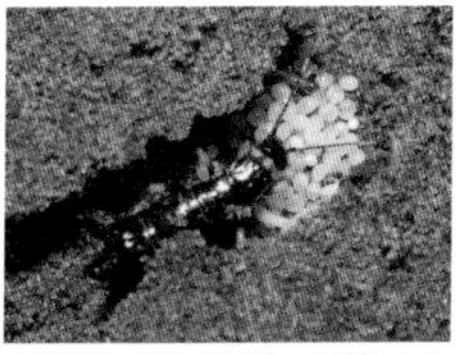

卵を守るコブハサミムシ

畑や草地、芝生の昆虫

畑の上を飛び回るチョウや葉っぱの上のテントウムシを愛《め》で、草むらのなかから聞こえてくるコオロギの鳴き声を聞く。畑や草地などのちょっと開けた空間は、昆虫との出合いが楽しい場所です。

どこにいる？

- 畑や田んぼに咲く花や農作物。
- 草むらの葉っぱの上や裏側。
- 地面や芝生の上。

気を付けよう！

- 畑や田んぼに足を踏み入れない。
- 私有地に勝手に入らない。
- 畑や田んぼで作業している人にあいさつをする。
- 公園の芝生では人の迷惑にならないよう観察をする。

分類	チョウ目シロチョウ科
大きさ	25～30㎜
分布	北海道～南西諸島
時期	3～11月

モンシロチョウ

春から秋にかけて全国で見られる

出合い度 ★★★★★

野原や花壇、畑でとてもよく見られる、フワフワと飛ぶ白いチョウ。白いはねについた黒い斑点を紋に見立てたことが名前の由来です。春から秋の間、地域によっては4～5回発生します。いろいろな花の蜜を吸いますが、特に幼虫のえさとなるアブラナ科（キャベツや大根）の畑でよく見られます。これらの畑で葉を注意深く捜せば、卵や幼虫を見つけやすいでしょう。ただし幼虫を放置しておくと葉を食べてしまうので、農家からは歓迎されていません。

コラム

紫外線でオスとメスが見分けられる

モンシロチョウのオスとメスははねの模様や色などに細かな違いがあり、肉眼で見分けることも可能ですが、紫外線を撮影できるカメラで見ると一目瞭然。メスのはねは白く、オスのはねは黒く見えます。モンシロチョウは紫外線でおたがいを見分けています。

紫外線を当てたモンシロチョウ。右がメスで左がオス

分類 チョウ目シロチョウ科
大きさ 24～35㎜
分布 北海道～南西諸島
時期 4～10月

スジグロシロチョウ

出合い度 ★★★★★

山の近くでよく見られる白いチョウ

モンシロチョウによく似ていますが、名のとおり、はねに黒いすじがありモンシロチョウと見分けられます。モンシロチョウ同様、アブラナ科の植物の周辺でよく見られますが、スジグロチョウの方が比較的うす暗い環境を好みます。林のまわりや木がよく茂った公園などで見られる白いチョウの多くは、スジグロシロチョウであることが多いようです。オスを捕まえて嗅《か》いでみると、レモンのような匂いがします。幼虫の食草はアブラナ科の植物で、ダイコンなど栽培種も食べます。

観察ポイント

ほかに見られる白いチョウ

◉アカボシゴマダラ

4～6月に見られる春型。夏型には赤い斑点がある

◉ウスバシロチョウ

モンシロチョウやスジグロシロチョウに比べてひと回り大きい

分類	チョウ目シロチョウ科
大きさ	22～33㎜
分布	北海道～南西諸島
時期	3～11月

モンキチョウ

一直線に力強く飛び回ります

出合い度 ★★★★☆

草原や河原など開けた環境に広く生息する黄色いチョウ。はね裏の中央にクレーターのような白い斑紋があり、はね表の黒いふちの中には黄色っぽい斑紋が並んでいるのが特徴です。同じ科のキチョウによく似ていますが、キチョウに比べやさしく淡い黄色をしています。メスはオスに比べてさらに白に近い色味なので、モンシロチョウと間違えられることも。幼虫はマメ科の植物を食べるので、シロツメクサやレンゲソウなどの花の周辺で見られます。

コラム

チョウの越冬

チョウは、種によって卵、幼虫、さなぎ、成虫とさまざまな姿で冬を越します。シロチョウ科では、モンシロチョウはさなぎ、モンキチョウは幼虫、スジボソヤマキチョウは成虫で越冬します。アゲハチョウ科では大半がさなぎで冬を越します。

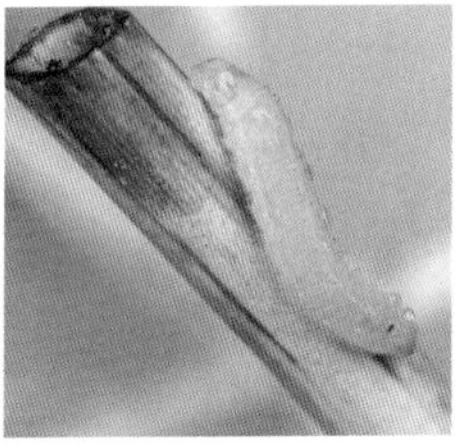

モンキチョウの幼虫

分類	チョウ目シロチョウ科
大きさ	18～27㎜
分布	本州～南西諸島
時期	3～11月

キタキチョウ

出合い度 ★★★★☆

近年２つの種に分けられたうちのひとつ

「キチョウ」と呼ばれていたチョウには2種類あり、本州から南西諸島までに住むものがキタキチョウ、南西諸島にのみ住むものにミナミキチョウという名前がつけられました。はねの表面の縁には黒色帯があり、モンシロチョウやモンキチョウよりはひとまわり小ぶり。マメ科のネムノキやハギの花の周りをせわしなく飛び回ったり、地面で吸水したりする姿が見られます。成虫で越冬し、早春から飛びはじめるので、3月頃に見かける黄色いチョウはこの種類であることが多いようです。

観察ポイント

見分けに迷ったら環境をチェック

このチョウは明るい樹林を好み、幼虫のエサはマメ科の樹木なので、成虫もその周辺でよく見かけます。モンキチョウは樹林よりも草原を好み、外見は似ていても、生息する環境は異なるので、これらのチョウを探す際には周囲の環境もよく見てみましょう。

モンキチョウは草むらで見られる

分類	チョウ目タテハチョウ科
大きさ	22~34㎜
分布	北海道~南西諸島
時期	3~11月

キタテハ

派手な見た目が草地で目立つ

出合い度 ★★★☆☆

オレンジがかった濃い黄色のはねが印象的なタテハチョウの一種です。ヒョウ柄をしたヒョウモンチョウに似ていますが、はねの縁がギザギザとしており、はねの裏の枯れ葉模様の真ん中あたりにある白い小さな「く」の字紋があるのが見分けるポイントです。6本の足のうち、頭に近い2本を体に沿ってたたんでいるので普段は4本に見えます。花や樹液、腐った果実などに集まって汁を吸います。冬は成虫で越冬し物かげでじっとしていますが、たまに日光浴する姿が見られます。

観察ポイント

はねを広げてとまるチョウ

チョウとガの見分け方として、とまるときにチョウははねを閉じガははねを開くとされますが、タテハチョウ科のチョウははねを広げてとまることが多いようです。もっとも、チョウとガは生物学的には区別されるものではないのですが。

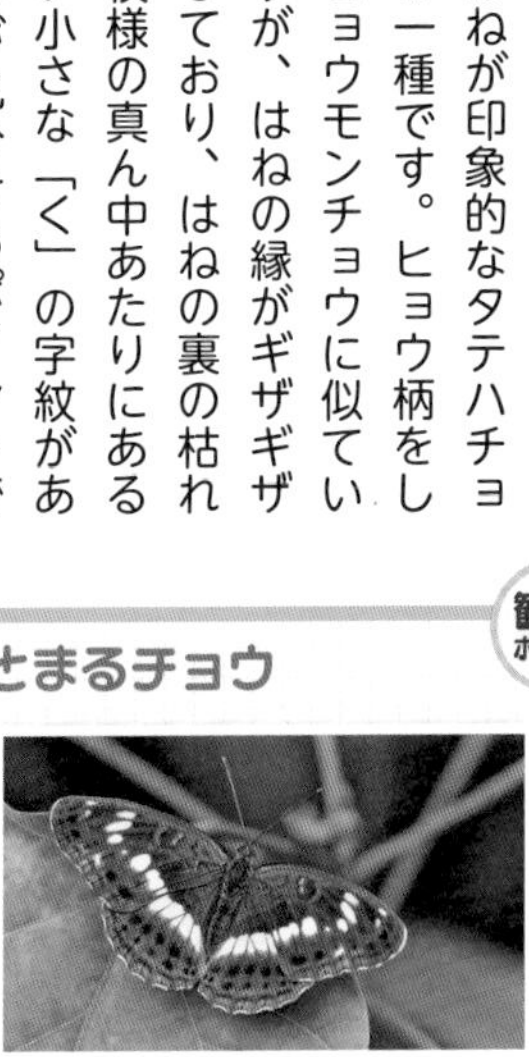

はねを広げてとまるタテハチョウ科のイチモンジチョウ

分類	チョウ目タテハチョウ科
大きさ	30〜35㎜
分布	北海道〜南西諸島
時期	3〜11月

アカタテハ

出合い度 ★★☆☆☆

成虫で越冬するため早春から飛びはじめる

山地から人家周辺まで幅広い環境に分布しており、日本では秋によく見られます。前ばねの表側に鮮やかなオレンジ色の帯模様があり、名前はこれに由来します。前ばねの先端は黒く白色の斑点があります。後ばねの表にもオレンジ色の縁取りがありますが、それ以外はくすんだ褐色をしています。幼虫は葉と茎にとげのあるイラクサを食べ、さらにイラクサの葉を袋状にした巣を作りその中で成長します。イラクサのとげは鋭いので外敵から守ってくれます。

観察ポイント

ヒメアカタテハとの違い

生態がほぼ同じのヒメアカタテハとよく間違えられますが、アカタテハはヒメアカタテハに比べひとまわり大きく、後ばねの大半に斑紋がなく前ばねの黒い部分の面積が大きいなど、細かな違いがあります。アカタテハは林のまわりの草地、ヒメアカタテハは人家や畑のまわりの開けた草地と、生息地も微妙に異なります。

ヒメアカタテハ。
違いがわかるかな？

分類 チョウ目タテハチョウ科
大きさ 25~33㎜
分布 北海道~南西諸島
時期 3~11月

ヒメアカタテハ

生息地は日本だけでなく世界

出合い度 ★★★☆☆

南極大陸を除くすべての大陸に分布していて、世界で最も分布が広いチョウの一種です。日本でも都市周辺の開けた場所から自然豊かな高原まで見られるチョウですが、個体数はそれほど多くありません。関東では秋に多く見られるようになります。ただ毎日何匹も見られるというものではありません。前ばねの先端は黒地に白の斑点、前ばねの中央部にはオレンジの地色に黒の斑点があります。タテハチョウ科には触角の先端が白いものが多いようです。

コラム

暖かい土地を求めて長い旅へ

ヒメアカタテハは移動性が強く3000㎞も移動するといわれます。小さな体で北アフリカから地中海を渡りアルプスを越えて北ヨーロッパまで移動するルートは有名で、ときに巨大な群れが気象レーダーに雲のように映りニュースになることも。世代交代をしながら移動するので、出発地に戻るのは何世代か後の個体です。

花に群がるヒメアカタテハ

分類	チョウ目シジミチョウ科
大きさ	13～19㎜
分布	北海道～南西諸島
時期	3～11月

ベニシジミ

出合い度 ★★★★☆

時期により異なるはねの色に注目

シジミガイに似たはねの形をした小さなチョウ。鮮やかな赤いはねの色合いが名前の由来です。紅色といっても、春に羽化した成虫の表ばねは明るいオレンジ色で、夏に羽化した成虫はレンガ色に近い色になります。前ばねは表裏とも赤地に黒褐色点があり、後ばねは表面が黒褐色で裏面は灰色です。吸蜜時にははねを半開きにしているので観察してみましょう。原っぱや畑の周辺などの開けた明るい場所で、地面すれすれを低空飛行する様子がよく見られます。

コラム

多種多様なシジミチョウ

その数は6000種を越えるといわれています。全世界に1万5000～2万種いるチョウのうち、40%ほどをこの種が占めています。全般的に小型のものが多く、鮮やかな色のものやキラキラと光るもの、地味な色をしたものなど、色や柄の個性は実に豊かです。

ミズイロオナガシジミははねには飾り、脚にも模様が

分類　チョウ目ヒトリガ科
大きさ　14～21㎜
分布　北海道～九州
時期　6～9月

カノコガ

ハチにそっくりだけど針はない

出合い度 ★★★☆☆

黒地に半透明の白い紋がちりばめられた細めのはねをもつ小さなガ。でも一見するとハチのようにも見え、ガらしからぬ外見から、この虫を見てもガだと気づく人は少ないかもしれません。カノコとは「鹿の子」と書き、子鹿を意味します。カノコガのはねの斑点が子鹿の背中の模様に似ていることが名前の由来です。はねに触れると、りん粉の模様が判子を押したようにそのまま手に付くためハンコチョウとも呼ばれます。低い位置をゆっくりと飛ぶので簡単に捕まえられます。

観察ポイント

チョウとガはどう違う？

日本に生息するチョウとガは、原則として触角を見れば見分けられます。チョウの触角は先端部がマッチ棒のように膨らんでいるのに対して、ガの触角は先端が細くなっていたり、細い毛で覆われていたりします。また、ガは夜行性のものが多いのも特徴です。

アゲハチョウの触角

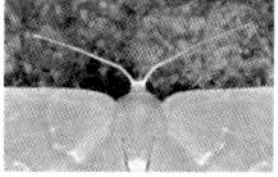

シャクガの触角

分類 バッタ目コオロギ科
大きさ 25～30㎜
分布 北海道～九州
時期 8～11月

エンマコオロギ

出合い度 ★★★★★

えんま様の眉のような顔の白い斑紋が特徴

太くしっかりした後ろ脚と、光沢のある頭部をもつ、全身焦げ茶色の大きなコオロギ。日本のコオロギの仲間では最大です。原っぱや畑、道ばたなどに広く生息し、人家の周辺でもよく見られます。丸い頭と平たい体は、危険を察知したら草や石の下にすばやくもぐりこむため。はねをすり合わせることで大きな鳴き声を発し、「コロコロリリリー」やさしい音は求愛中で、「コロコロリッリッリッ！」と強い音はなわばりを誇示している時といわれています。

コラム

コオロギを飼育してみよう

上部から脱出できないようにした水槽の底に土砂を敷き、植木鉢や石などを使って隠れ家と水場を作っておけば、比較的簡単に飼育することができます。雑食なのでえさは選びませんが、野菜やくだもののほか、共食いを防ぐためにも、煮干しやかつお節などの動物性のえさを与えてあげるとよいでしょう。

鳴く様子がすぐ近くで観察ができる

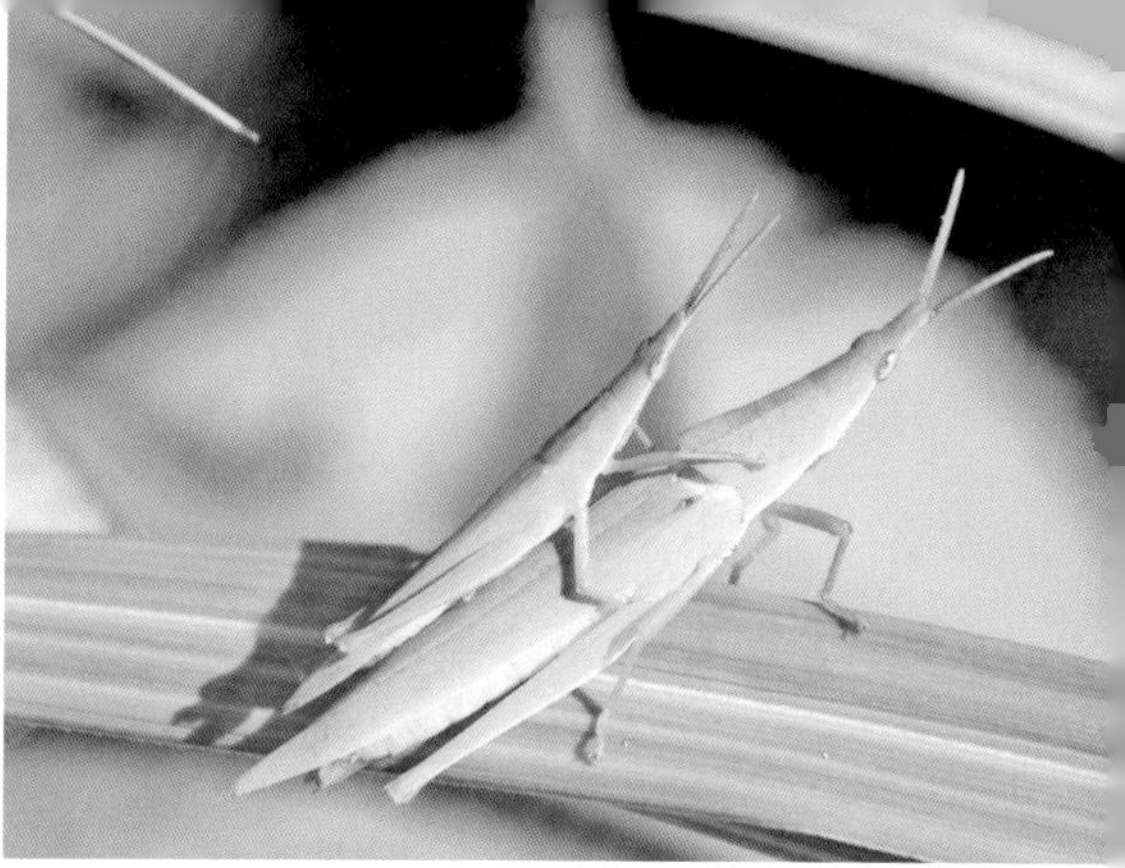

分類	バッタ目オンブバッタ科
大きさ	オス22～25㎜　メス40～42㎜
分布	北海道～南西諸島
時期	8～11月

オンブバッタ

仲良し夫婦はどこへ行くにもいつも一緒

出合い度 ★★★☆☆

交尾のためにメスの上にオスが乗っている姿が、おんぶしているよう見えることが名前の由来。この状態はバッタ類の交尾の際によく見られますが、ほかのバッタは交尾が終わると速やかに離れるのに、オンブバッタはずっとこの状態でいるためおんぶの様子がよく観察できます。単独行動中のオスがメスを奪おうとして、おんぶしているオスとけんかになることも。一般的にバッタ類が好むイネ科やカヤツリグサ科のほかに、キク科、シソ科、ナス科など、さまざまな植物を食べます。

コラム

フンを使った不思議な行動

オンブバッタは、自分が出したフンを後ろ足で蹴り飛ばすという一風変わった習性があります。体の10倍ほどの距離（20～50cm）を後ろ足のキックだけで飛ばすことができます。おもしろい行動ではありますが、その意味についてはよく分かっていません。

分類	バッタ目バッタ科
大きさ	オス40～50㎜　メス75～80㎜
分布	北海道～南西諸島
時期	8～11月

ショウリョウバッタ

出合い度
★★★☆☆

長い角と細長い体型がシャープな印象

メスは日本に分布するバッタのなかでは最大で、オスとメスの大きさが極端に違うのが特徴です。頭部が円錐形で斜め上に尖り、その尖った先端に細い触角が2本のびています。生息環境によって色は緑から褐色。オスには目立った模様がありませんが、メスは体側を貫くように黒白の縦じま模様が入ることが多いです。捕まえようとすると口から黒くて臭い液体を出しますが、これは捕まったときのショックで、消化しきれなかった食べ物を吐き出しているのだといわれています。

コラム

名前の由来

成虫が現れるのが８月の旧盆の時期で、その頃に行われるお盆の行事「精霊流し（しょうろうながし）」に使う船に形が似ていることから名づけられたと言われます。またオスは飛ぶときに「キチキチキチ」と音を出すことから「キチキチバッタ」とも呼ばれます。

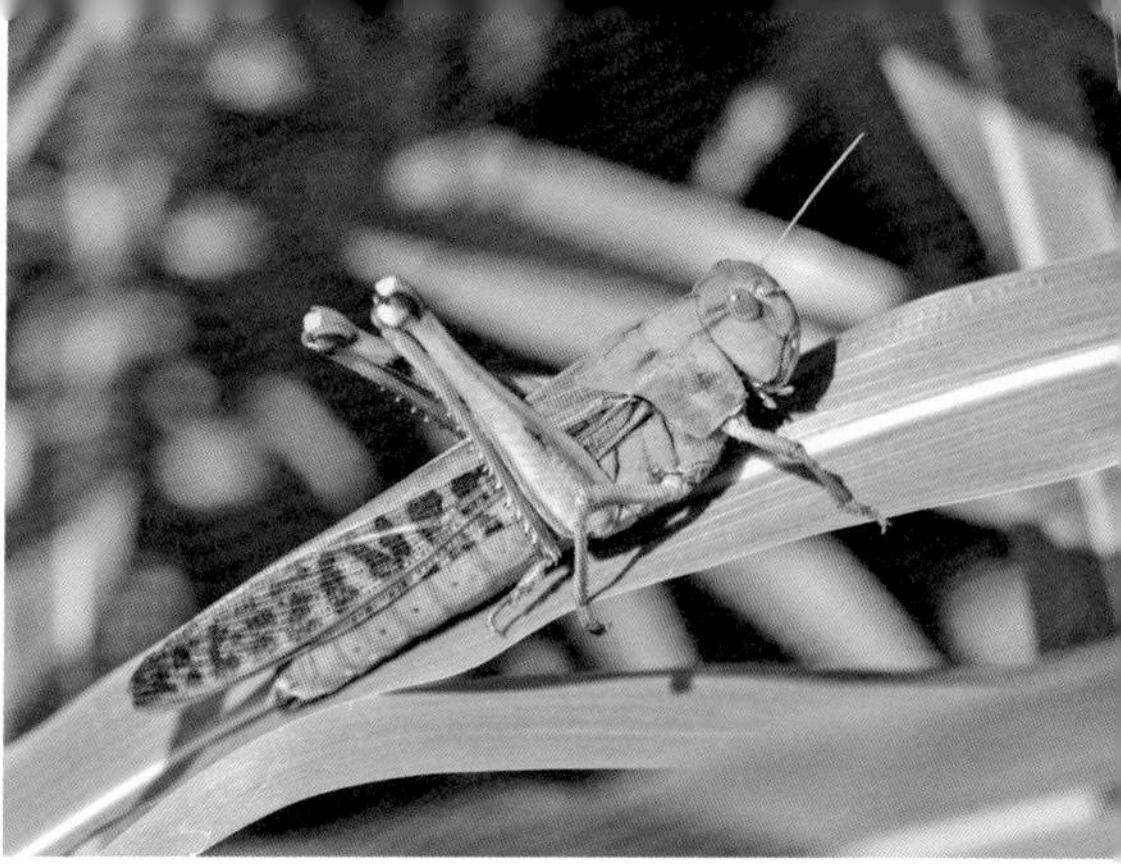

分類　バッタ目バッタ科
大きさ　オス35～40㎜　メス45～65㎜
分布　北海道～南西諸島
時期　7～11月

トノサマバッタ

逃げ足が速く近づくのも捕まえるのも難しい

出合い度 ★★★☆☆

ピンとのびた背すじにたくましい後ろ足、まだら模様のはねと大きな目をもつ長い顔が印象的。飛ぶ時ははねを大きく広げて力強く羽ばたき、地にどっかりと腰を下ろすように着地します。その堂々としたたたずまいはまさに殿様で、ファンの多いバッタです。警戒心が強く、外敵や人が近付くと、狙いをつけられないようジグザグに飛んだり、はねを広げて十数m飛び続けて逃げてしまったりすることも。メスより体の小さいオスの方が飛翔能力は高いです。

コラム

バッタによる環境問題

トノサマバッタをはじめとする一部のバッタは、群の個体の密度が上がると、体が軽くはねが長くなることがあります。変異したバッタは大群で長距離を移動し、自然や田畑に甚大な被害を与えます。近年では、中央アジアやアフリカなどで発生し、農作物に大きな被害が出ています。

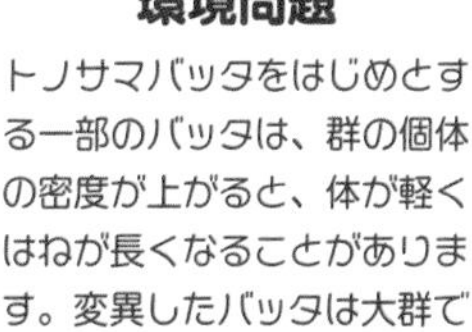

アフリカで発生したバッタの大群

分類 バッタ目キリギリス科
大きさ 27～34㎜
分布 北海道～南西諸島
時期 4～11月

クビキリギス

出合い度 ★★☆☆☆

全身が赤い個体もいるキリギリス

全体的に細長く平べったい、緑色の大きなキリギリスです。あごが発達していて、何かにかみついた状態で無理やり引き離そうとすると、首が取れてしまうことからこの名前がつきました。大きなあごが赤色をしているため「血吸いバッタ」と呼ばれることも。またあごだけでなく、生育環境により全身が赤い個体もいます。平地の草原や水田の土手などに住み、夜、草の上で「ジー」と連続して鳴きます。成虫で冬を越して、翌年の春に交尾活動を始めます。

観察ポイント

よく似た虫との見分け方

◉クサキリ

頭のトガリは弱く、全体的にやや丸い体。あごは黄色をしています。

◉シブイロカヤキリ

頭は尖って、あごは黒ずんでいます。クビキリギスを寸詰まりにして脚を短くしたような体型。

分類	バッタ目ヒシバッタ科
大きさ	オス8〜10㎜　メス9〜13㎜
分布	北海道〜九州
時期	2〜12月

ハラヒシバッタ

全国に広く分布するひし形をした小型のバッタ

出合い度 ★★★★☆

体を上から見るとその名の通りひし形。土がむき出しになった地面にいることが多く、はねは使わず、ピョンピョンと跳ねながら移動します。たいてい地面の色に同化していて、ジャンプするまで存在に気づきません。ヒシバッタの仲間は、環境により体色や体型に変異が多いため、色や形の表現が難しいバッタです。オスは緯度の高い地域や標高の高い地域ほど黒い斑紋をもつことが多くなるので、ハラヒシバッタの背部の模様は温度や湿度などに関係があると考えられています。

観察ポイント

色を比べてみよう

ハラヒシバッタは、生育する場所によって体の色が黒、茶、褐色、黄色、灰色とさまざまなものがいます。また色だけでなく模様もさまざま。いろいろな場所でつかまえて、その色の違いを観察してみましょう。虫用の網で簡単に捕まえられます。

分類	バッタ目バッタ科
大きさ	オス16～33㎜　メス18～40㎜
分布	北海道～九州
時期	8～11月

コバネイナゴ

出合い度 ★★★★☆

イネの害虫として農家を悩ますことも

体の側面に濃茶色の筋が入った鮮やかな緑色のバッタです。背中は肌色か薄い緑色、まれにピンク色の個体も見られます。イネの害虫として農薬で駆除されほとんど姿を消した時期がありましたが、現在は市街地の公園などでも観察されます。多くは水田やその周辺の草原に生息しており、周辺で草をすくうように網を振れば採集することができます。海のない地域では良質のたんぱく源として、昔から食用にしていました。イナゴのなかでもコバネイナゴはもっともおいしいといわれています。

コラム

イナゴは何科？

紛らわしいですが、バッタやイナゴは同じバッタ科の仲間。しかしバッタ科のうち、のどに突起があるものをイナゴ科として扱うことがあります。

分類　コウチュウ目テントウムシ科
大きさ　5～9㎜
分布　北海道～南西諸島
時期　3～11月

ナナホシテントウ

かわいらしい見た目と裏腹に実は肉食

出合い度 ★★★★☆

真っ赤な丸い体に7個の黒点のある、もっともなじみの深いテントウムシ。アブラムシを食べるので、日当たりのよい草地のアブラムシのついた植物を探せば見つかりやすいでしょう。触れると死んだふりをしますが、この時に足の関節から黄色い、いやな臭いの体液を出します。また体内には毒が含まれるため、鳥やアリに捕食されることはありません。見かけの派手な色は警告色と考えられています。太陽（お天道さん）に向かって飛ぶことから「天道虫」という名前がついています。

観察ポイント

アブラムシを食べる益虫

アブラムシは植物の汁を吸い、植物の成育を阻害する虫。お尻から甘い汁を出してアリに与え、アリに守ってもらう共生関係にあることで知られています（→ P.96）。ナナホシテントウは、成虫、幼虫ともにアブラムシを食べることから、作物を守る益虫とされています。

アブラムシを食べるナナホシテントウ

分類　コウチュウ目テントウムシ科
大きさ　5～8㎜
分布　北海道～南西諸島
時期　3～11月

ナミテントウ

出合い度
★★★★☆

農薬の代わりに農地に放たれることも

前ページのナナホシテントウはどんな個体でも見た目はだいたい同じですが、この種は前ばねの模様が、赤地に細かい黒紋、黒地に大きな赤紋、全体が黄赤色などいろいろ。大きさはナナホシテントウとほぼ同じです。農作物をアブラムシから守る益虫であることから、飛ばない品種に改良することで農地にうまく定着させ、「生物農薬」として用いられることもあります。ただ赤地に黒い斑紋のタイプは、害虫であるオオニジュウヤホシテントウによく似ているので注意が必要です。

観察ポイント

いろいろなナミテントウ

テントウムシは世界で約6000種、日本で約180種おり、基本的に種によって模様は決まっています。ただし同じ種であっても異なる種類の模様をもつものがあり、ナミテントウはその代表。色と模様の組み合わせは200以上あるといわれています。

たくさん採集して比べてみよう

分類	コウチュウ目オサムシ科
大きさ	15～19㎜
分布	北海道～九州
時期	4～10月

ニワハンミョウ

するどいあごで獲物を捕る俊敏なハンター

出合い度 ★★★☆☆

光沢がなく、濃い緑の味わい深い色で上ばねに白い小さな紋があります。平地から山地まで広く分布していますが、植物の少ない開けた場所でよく観察されています。ただ非常に動きが速く、走るだけでなく、はねを使って飛行もするので捕獲が難しい昆虫です。肉食性で、地面を徘徊しほかの昆虫を見つけると、俊敏な動きでおおいかぶさり、大きなあごで捕らえます。幼虫は地面に縦穴を掘って住み、成虫と同様、そばを通りかかる獲物を捕食します。

コラム

ハンミョウの仲間

オサムシ科に含まれるグループで、強いあごと素早い動きが特徴の仲間です。漢字で「斑猫」と書き、これは、捕食の様子が、ネコ科の動物が俊敏に獲物を捕まえる姿に似ていることに由来します。英語では「Tiger beetle（虎のコウチュウ）」です。

美しいはねをもつハンミョウ

分類 コウチュウ目コガネムシ科
大きさ 9～13㎜
分布 北海道～南西諸島
時期 5～10月

マメコガネ

出合い度 ★★★★☆

さまざまな農作物を手当たりしだい食べつくす

光沢のある緑色から黄金色をした美しい昆虫。日本在来種で、日本各地、どこでも見かけますが、夜行性の一般的なコガネムシとは異なり、昼間によく活動します。人が近づくと、後ろ脚を伸ばし斜めに上げるという動きで威嚇《いかく》してきます。しかし、動きがとてもゆっくりなので、捕まえようと思えば、簡単に捕まえられます。おもにマメ科の植物やブドウ類、ヤナギ類の植物を好みますが、どんな植物の花や葉、果実も食べてしまうため、深刻な畑作害虫として知られています。

コラム

アメリカでは有名な嫌われ者

アメリカでは「ジャパニーズ・ビートル」と呼ばれ、農家たちに恐れられているマメコガネ。1912年頃に日本からの輸出品に紛れて入り込んだといわれ、当時アメリカには天敵となる虫や動物が少なかったため瞬く間に繁殖し、農業に大打撃を与えてしまいました。

あっという間に葉を食べつくす

分類 コウチュウ目コガネムシ科
大きさ 14～20㎜
分布 北海道～南西諸島
時期 4～11月

センチコガネ

ふんや動物の死がいが大好きな変わり者

出合い度 ★★☆☆☆

ウシやウマなどのふんや動物の死がいなどに集まる糞《ふん》虫《ちゅう》です。体にはにぶい光沢があり、その色は、紫、紫銅、青紫、金銅など、個体や生息地によってさまざま。頭は丸みを帯びており、上ばねに細かな筋があるのも特徴です。夕方地表付近を低く飛びまわってえさを探し、夜には明かりに集まることもあります。ただし住むエリアによっては飛ぶことができず、歩行のみで移動する個体もいます。ふんや動物の死がいをかたづけてくれる自然のお掃除屋さんです。

観察ポイント

動物のふんで子どもを育てる

和名の「センチ」は便所を指す「雪隠(せっちん)」がなまったもので、ふんに集まる性質に由来します。交尾したメスはふんを土中の巣穴に引き込んでそこに産卵し、ふ化した幼虫はこのふんを食べて育ちます。センチコガネは都会の公園に落ちている犬のふんなどにもやってくるので、注意深く探してみましょう。

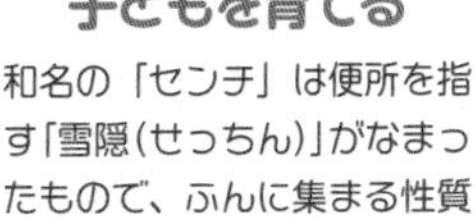

ふんに取りつくセンチコガネ

分類	ハエ目ムシヒキアブ科
大きさ	23〜30㎜
分布	北海道〜南西諸島
時期	3〜9月

シオヤアブ

出合い度 ★★★☆☆

大きな獲物も一撃必殺で捕らえる

褐色の体に黄色の毛が生えており、腹部はこの毛のために黒色と黄褐色のしま模様に見えます。足は黒色ですが、すねの部分だけが黄褐色をしています。オスの尻の先についた白い毛が塩のように見えることから、「塩屋虻」と命名されました。甲虫やハエ、アブなど、基本的に自分よりも小さな昆虫を捕食しますが、時にはスズメバチやカマキリといった昆虫を襲うことも。また共食いする例もあり、そのどう猛さは昆虫界最強説もささやかれています。

観察ポイント

暗殺者のような捕食方法

まず優れた視力と広く見渡せる複眼を光らせて、獲物が来るのを待ち伏せします。獲物を見つけると、背後から襲い掛かり、一瞬で太い口器を突き刺して神経節を切断。そのまま空中で仕留めた獲物を近くの枝や葉の上に運び、獲物の体液を吸い取ります。まさに暗殺者のような手際のよさに驚かされます。

自分より大きな甲虫も襲うことも

分類	ハエ目ハナアブ科
大きさ	10〜13㎜
分布	北海道〜南西諸島
時期	4〜10月

シマハナアブ

ハチにそっくりだけどハエの仲間

出合い度 ★★★★☆

ハナアブとともに各地で普通に見られますが、シマハナアブの方が小型で、腹部のしま模様がはっきりしていること、また、胸部に分かりやすい黒い横帯があることで見分けられます。幼虫は水の中で生活しているため長い呼吸器管をもっていて、その姿からオナガウジと呼ばれています。花にとりつく姿はミツバチそっくり。鳥などの天敵から攻撃されにくくするため、針をもつミツバチに擬態しています。でもハエの仲間なのではねは2枚。もちろん刺針をもたないので刺しません。

コラム

受粉をサポート

その名の通り、成虫は花に飛来して蜜や花粉を好んで食べます。花粉を脚や胸に付けて運ぶ花粉の媒介者としても役立っており、リンゴやナシの授粉に利用されています。特にキク科の植物には、おもにハナアブの仲間によって花を咲かせるものが多数あります。

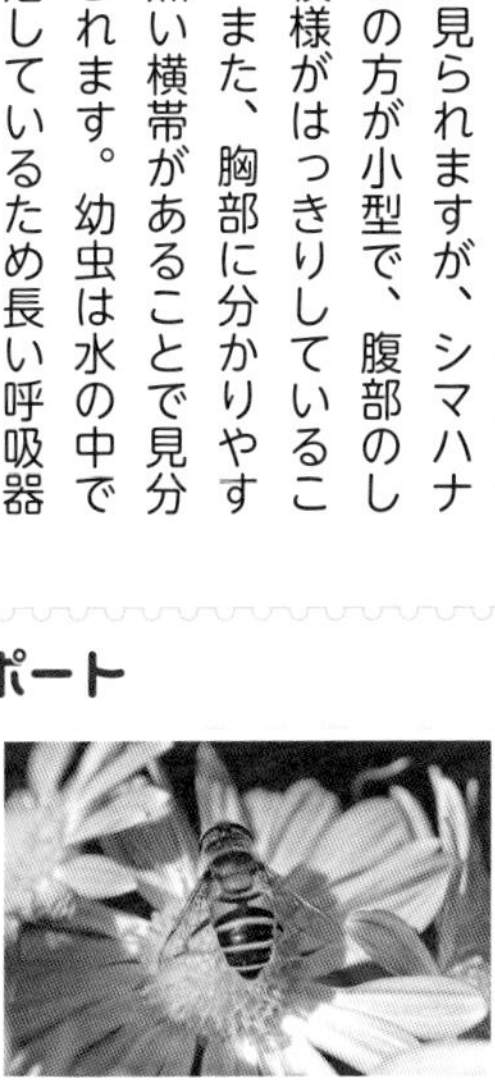

花に取りつくシマハナアブのメス

分類　ハエ目ハナアブ科
大きさ　8〜11㎜
分布　北海道〜南西諸島
時期　3〜10月

ホソヒラタアブ

出合い度 ★★★★☆

ホバリングしながら花から花へと飛び回る

ベランダや花壇の花にもよくやってくる小さなアブ。細い体が特徴で、腹部は黄橙色と黒色のしま模様。それぞれの節に太い帯と細い帯の各2本ずつの黒帯が並びます。暖かい地域では冬でも見ることができます。オスは日当たりのよい場所に咲く花の周りでホバリングをしてメスを待ち、飛びながら空中で交尾を行い、メスもまたホバリングしながら、アブラムシがいる近くの葉の上に産卵します。幼虫はアブラムシを食べるので、ガーデニングなどで役立っています。

コラム

危険なアブ

アブの仲間には人に害を与えるアブもいます。ヤマトアブはその代表。鋭い口で人の皮膚に傷をつけて、出血した血を吸います。血を吸うのは卵を産むメスだけです(カと同じ)。街中ではあまり見かけませんが、山や牧場などに出かける時には注意しましょう。

家畜の血を吸うウシアブ

分類　ハチ目ミツバチ科
大きさ　13㎜（働きバチ）
分布　本州～南西諸島
時期　3～11月

ニホンミツバチ

おいしいハチミツをつくる働き者

出合い度
★★★★☆

日本で養蜂のために育てられているミツバチはニホンミツバチとセイヨウミツバチの2種類います。セイヨウミツバチは養蜂のために改良され移入されたものですが、ニホンミツバチはもともと日本にいた種です。セイヨウミツバチに比べて、体が全体的にずんぐりしています。1匹の女王蜂とたくさんの働きバチがひとつのコロニーをつくります。春の繁殖期にのみ生まれるオスたちと交尾をした女王蜂は、1日に1000個以上の卵を産むことができます。

コラム

はちみつはどうやってできる？

働きバチは外を飛び回り花の蜜を吸って体内に取り込み巣に戻ってきます。ミツバチの体内で分解され、成分が変化した花の蜜を、今度は巣にいる別のミツバチに口移しで渡し、そのミツバチの体内でも分解が進みます。そしてさらに変化した花の蜜を巣の中に吐き出したものがはちみつとなります。

花の蜜を巣に吐き出す働きバチ

分類 ハチ目ミツバチ科
大きさ 14㎜（働きバチ）
分布 北海道～南西諸島
時期 3～11月

セイヨウミツバチ

出合い度 ★★★★☆

ヨーロッパやアフリカ、中央アジアなどが原産地

19世紀半ばに飼育管理方法が広まって家畜として改良され、日本では明治時代にアメリカから輸入されました。ニホンミツバチと比べると飼育が簡単で採蜜量も多いため、商業に向いていることから、現在、スーパーなどの店頭に並んでいる商品や、加工食品の原材料に使用されているハチミツのほとんどが、セイヨウミツバチのハチミツです。ニホンミツバチと比べると、腰のあたりが黄色いのが特徴で、サイズもやや大きいですが、見比べないと分からないほどのわずかな違いです。

コラム

変化する養蜂の現場

セイヨウミツバチの移入以降、ニホンミツバチは山間部などで細々と飼育されてきました。ところが近年、気候変動によるセイヨウミツバチの大量失踪という現象がおこり、日本の気候に適した、寒さや害虫に強いニホンミツバチの養蜂が見直されつつあります。

セイヨウミツバチの巣箱

分類	ハチ目ミツバチ科
大きさ	20～30㎜
分布	北海道～南西諸島
時期	3～11月

クマバチ

見た目に似合わずおとなしい性格

出合い度 ★★★☆☆

ずんぐりした体形で、全身が黒く胸部の黄色い毛がよく目立ちます。ミツバチやスズメバチのようなコロニーは作らず、交尾したメスは、5～6月に材木に穴をあけて、そこに花粉と蜜を集めて子育てをします。寿命は1年ほど。

ブーンと重低音の羽音を鳴らして飛び回るので怖いイメージをもたれがちですが、実は極めて温厚な性格で、攻撃されることはまずありませんが、メスは毒針をもっているので巣には不用意に近づかないほうがいいでしょう。

コラム

アナフィラキシーショックとは？

ハチの毒が体に入ることで引き起こされるアレルギー症状。一度刺されて抗体を持っている人が再度刺されると症状がひどくなることが多いようですが、体質によって刺されたのが初めてでも激しく反応する人もいます。場合によっては死に至る危険な症状。毒の強さはスズメバチ、アシナガバチ、ミツバチの順です。

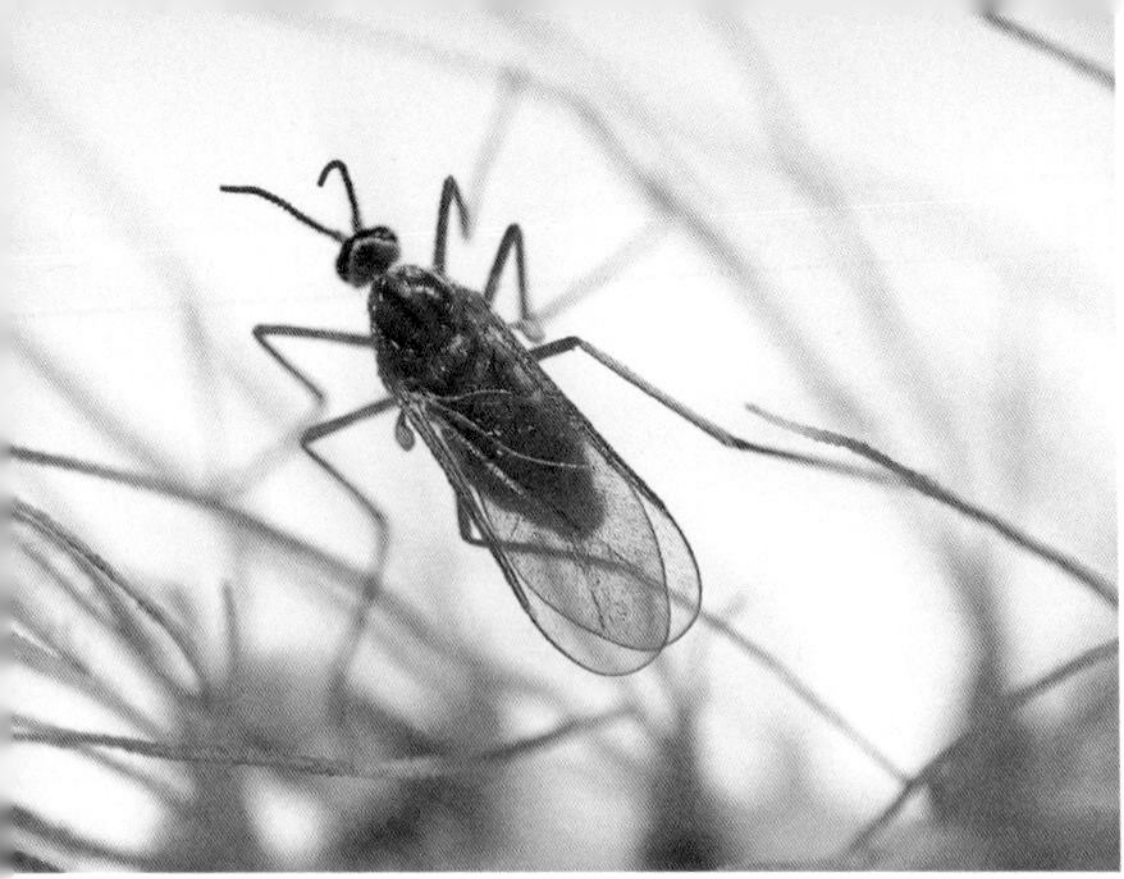

分類	ハエ目タマバエ科
大きさ	1～3㎜
分布	北海道～南西諸島
時期	通年

タマバエ

出合い度 ★★★☆☆

植物に見つかる奇妙な虫こぶを作る犯人

タマバエはハエ目タマバエ科に属するコバエの総称で、現在約180種が知られています。タマバエとは、玉のような「虫こぶ」をつくるハエというところからその名がつきました。植物の葉や茎、花、実などに虫こぶや葉巻をつくり、農作物に被害を及ぼす種が多いので、農業害虫とされることがあります。一方、タマバエの中には、アブラムシやダニなどの害虫の天敵となる種もあるため、しばしばそれらの駆除に用いられ、生物的防除の効果が認められています。

観察ポイント

虫こぶとは？

虫こぶは昆虫の刺激によって植物自体が変異したもの。タマバエは産卵管を植物に差し込んで内部に卵を産み、それが幼虫、さなぎと成長していきますが、寄生された植物は自ら虫こぶを作り、幼虫はその中で成長します。植物の生育のじゃまになることもありますが、虫こぶそのものが利用されることもあります。

ブドウトックリタマバエが作った虫こぶ

分類　カマキリ目カマキリ科
大きさ　オス68～92㎜　メス77～105㎜
分布　北海道～九州
時期　8～11月

オオカマキリ

ときにカエルも獲物にする日本最大のカマキリ

出合い度 ★★★☆☆

開けた場所より、林のそばの草むらや樹上でよく見られます。あらゆる昆虫を強力な鎌足で捕らえ、ときにはカエルやトカゲを捕食することも。卵からふ化したときから、体の形は変わらず、脱皮を繰り返して大きくなります。最初から肉食で、体のサイズに応じて狙う獲物が変わりますが、小さいうちは自らが獲物になってしまうことも多く、最後まで生き残れるのは数えるほど。大きな鎌を体の前でそろえる姿が手を合わせているようにも見えるので「拝み虫」という別名があります。

コラム

過酷な生存競争

秋に交尾を行ったメスは、2、3ヵ所の小枝などに泡状の卵しょうを作り、その中に200～300の卵を産みます。春にそれぞれの卵しょうからふ化した小さなカマキリが出てきますが、ほとんどが小さなうちに食べられてしまい、無事に成虫になれるのは2、3匹です。

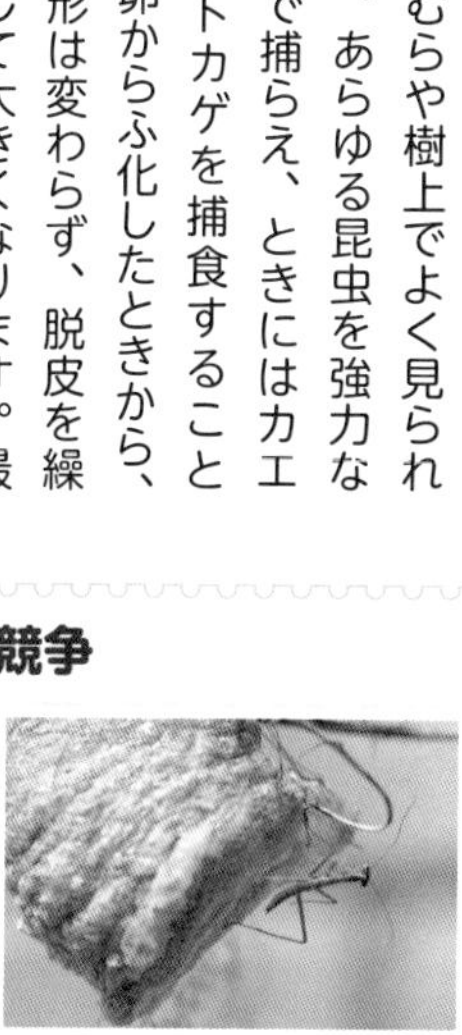

ふ化したばかりのカマキリの子

分類	カマキリ目カマキリ科
大きさ	オス36～55㎜　メス46～63㎜
分布	本州～九州
時期	8～11月

コカマキリ

出合い度 ★★★☆☆

白と黒の斑点模様のカマが特徴

まれに緑の個体も見られますが、色はだいたい褐色。ただし黄土色から黒褐色まで個体差がかなりあります。鎌状の前足の内側に黒、白、紫の斑紋が入っているのが特徴。おもに地上を歩きまわり、樹上高く登ることはあまりありません。カマキリは獰猛なイメージがありますが、この種は危険が近づくと死んだふりをします。ほかのカマキリ同様スポンジ状の卵しょうに卵を産みますが、コカマキリは木の根や石の裏などに産み付けるのであまり見かけません。

コラム

カマキリの卵を探してみよう

カマキリの仲間は卵で越冬します。卵は、暑さや寒さ、乾燥や湿気、衝撃などから守る「卵しょう」と呼ばれる厚いスポンジ状のものに包まれています。オオカマキリは草地や河原の草の茎や低木の枝などにありとても見つけやすいですが、コカマキリは石や倒木の裏などの目立たないところに卵があります。

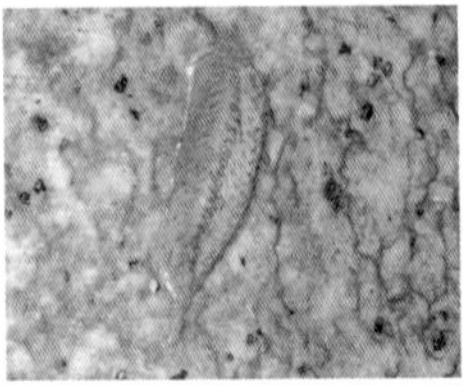

コカマキリの卵しょう

分類	カマキリ目カマキリ科
大きさ	オス45～65㎜　メス52～71㎜
分布	本州～南西諸島
時期	8～11月

ハラビロカマキリ

幅広でがっしりとした体型のカマキリ

出合い度
★★★☆☆

名前のとおりお腹が太く、成虫の大きさはオオカマキリとコカマキリの間ぐらい。ほかのカマキリよりずんぐりとした体なので識別は簡単です。また前のはねのなかほどにはっきりした白い紋があるのも特徴のひとつ。体色は緑色が多いですが、たまに紫色がかった褐色の個体もいます。地上にはあまり下りず、樹上で獲物を捕らえたり、背の高い草の花の近くでやってくる虫を待ち構えたりする姿が見られます。建物の壁や木の枝などに卵しょうを作ります。

コラム

カマキリを洗脳する寄生虫

おもにハラビロカマキリに寄生するハリガネムシは体長が数㎝から1mにもなる糸のような寄生虫。本来水中生物で、幼虫は水生昆虫の体内に入り、その水生昆虫が羽化した成虫をカマキリが食べその体内で成長します。大きくなると宿主のカマキリを“洗脳”して水の近くに移動させ、生息地である水中に戻ります。

ハラビロカマキリのお尻から出てきたハリガネムシ

雑木林の昆虫

大きなカブトムシや小さなゾウムシ、にぎやかに鳴くセミから音もなく飛ぶウスバカゲロウまで、森は昆虫の宝庫。木の葉っぱや幹、根元、落ち葉や朽木の下まで、あらゆる場所で昆虫に出合えます。

どこにいる?

- 樹液が染み出ている木の幹。
- 木の葉の上や裏側。
- 木の根元の地面、朽木、倒木の下。
- 落ち葉の下。

気を付けよう!

- 採集した虫を放すときは、必ずとった場所で放す。
- 木の根元などを掘ったときは、埋め戻して元の状態にしておく。
- スズメバチの存在をいつも意識しておく。

分類	甲虫目コガネムシ科
大きさ	32～53㎜
分布	北海道～南西諸島
時期	6～8月

カブトムシ

最大級の甲虫の花形。縄張り争いでも圧勝

出合い度 ★★★★☆

強靭で立派な角を持ち、クヌギの樹液に集まる最も大きな甲虫です。夜間の雑木林でよく目にしますが、「夜の帝王」とも呼ばれ、えさとなる樹液のポジション争いでは圧巻の強さ。クワガタムシを樹皮からはがして投げ飛ばし、好位置を陣取ります。闘うための武器ともいえる角の大きさは、幼虫期のえさの多さが決め手です。北海道に生息するカブトムシは、人が持ち込んだ国内外来種。生態系を乱さないよう、野山に放すことは禁じられています。

観察ポイント

樹液に集まる昆虫

虫たちが群がる樹液は、通称「昆虫酒場」。木から出る樹液が発酵し、アルコールを含むため、この匂いを頼りに虫たちが集まります。昼間はチョウやカナブンなどの小型昆虫、夜間はカブトムシなどの大型虫が集結。虫の栄養源となる樹液ですが、クヌギはサラッとして喉越しがよく人気があるようです。

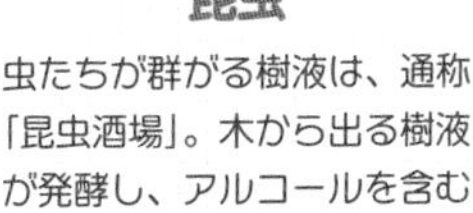

昼間樹液に集まる虫たち

分類	甲虫目クワガタムシ科
大きさ	オス27～74㎜　メス23～37㎜
分布	北海道～九州
時期	7～9月

ノコギリクワガタ

出合い度 ★★★★☆

同じ種でも大あごの形がいろいろある

　平地や低山地の雑木林で、よく見られるクワガタムシの代表。昼夜を問わず、栄養豊富なクヌギの樹液にやってきます。オスの成虫は体長に個体差があり、なかでも極端に違っているのが大あご。大きくて長いノコギリ状の突起があるものや、小型で短く直線的なものまで、いろいろな形をしています。えさ場の樹液のまわりで、ときにはメスをわがものにするため、相手かまわず喧嘩を仕掛けますが、カブトムシにはほとんどかないません。

コラム

大あごの形を決めるメカニズム

オスの大あごの形は、大型のものは中央付近で内側に曲がり、体の大きさが小さくなるにつれ曲がるところが先端寄りになります。この差は、幼虫時代の栄養状態によるもので、メス獲得のために進化したともいわれます。メスの大あごは、小さくても牙が鋭いのが特徴です。

栄養状態がよいオスの大あご

分類	甲虫目クワガタムシ科
大きさ	オス22～53㎜　メス22～30㎜
分布	北海道～南西諸島
時期	5～9月

コクワガタ

環境適応能力が高い長寿のクワガタムシ

出合い度 ★★★★☆

最もよく見られるクワガタムシで、都市の公園でも観察できます。オスは大あごの中央から前よりに、対になった内歯が1本あります。スジクワガタのオスに似ていますが、スジクワガタの前ばねにある筋は、コクワガタにはありません。幼虫、成虫ともに越冬し、平たい体で木の隙間に入り込むため、伐採された木材によく潜んでいます。名前は「小クワガタ」ですが、日本にいるクワガタのなかではむしろ中型で小型のクワガタが別に存在しています。

コラム

変化に柔軟なコクワガタ

日本のクワガタムシのなかで、圧倒的に個体数が多いコクワガタ。幼虫が食べる樹の種類は、平地のクヌギから高地のブナまで幅広く、環境への適応力が高く、温度変化にも強いことで知られます。成虫も越冬ができるので長生き。寿命は2～3年といわれます。

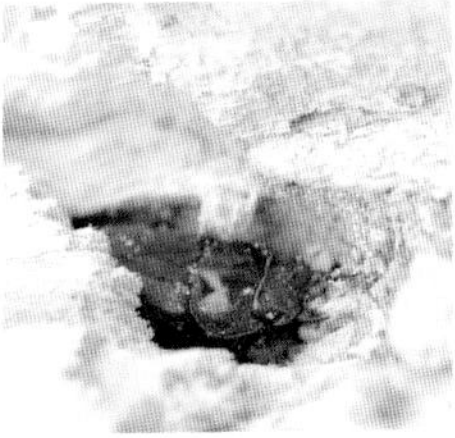

木の隙間で越冬するメスのコクワガタ

分類　甲虫目コガネムシ科
大きさ　10～14㎜
分布　北海道～南西諸島
時期　4～10月

コアオハナムグリ

出合い度 ★★★★☆

ドットの模様と産毛に覆われた姿が特徴

花の上を歩き回って蜜や花粉を集めることから「花に潜る」＝ハナムグリと呼ばれる昆虫です。春先から10月頃まで、平地の林道などに出現し、おもにキク科の植物の花につきます。前ばねにある、黄白色の点の散らばりが特徴的で、天敵から身を守る効果も。体の色も緑から黒までと変化が大きく、樹にとまるときには保護色になっているようです。よく似た仲間に、アオヒメハナムグリがいますが、お腹の色（本種は黒）で見分けられます。

コラム

土で作るさなぎの部屋

腐葉土や朽ち木を食べて、土の中でふ化したコアオハナムグリの幼虫は、土中にさなぎになる場所を作ります。体から粘液を出して、周囲の土を固めて作る「土まゆ」です。この土まゆはかたくてしっかりとしており、中の幼虫やさなぎを外敵や乾燥から守ります。

分類	甲虫目コガネムシ科
大きさ	22～30㎜
分布	本州～九州
時期	6～8月

カナブン

出合い度 ★★★★☆

同じ虫なのに色が多すぎて区別が困る

クヌギやコナラの樹液が好物で、熟した果実にもやってきます。代表的な国産カナブンは、カナブン、アオカナブン、クロカナブンの3種。光沢をもつ赤銅色がカナブンの特徴ですが、同じ種なのに色だけが青緑色や黒褐色になっている紛らわしい個体もいます。カナブンは飛翔性が高く、前ばねを開かずに後ろばねのみで飛びます。よく間違われるコガネムシは野菜や果樹、庭木などの植物の葉を食べますが、カナブンは樹液などを吸います。

観察ポイント

カナブン識別方法

いろんな種類のいるカナブン。仲間を見分けるコツは、後脚の付け根を比較すること。体をひっくり返して左右の脚の付け根が離れているのがカナブン、アオカナブンとクロカナブンは付け根が接しています。

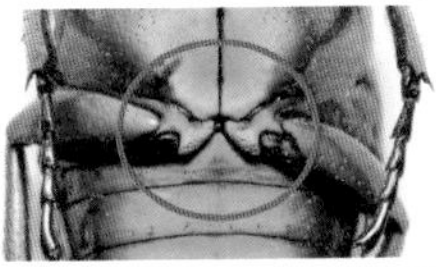

アオカナブンは付け根が接している

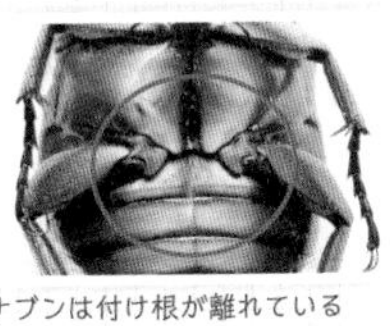

カナブンは付け根が離れている

分類 甲虫目タマムシ科
大きさ 30～40㎜
分布 本州～南西諸島
時期 7～8月

タマムシ（ヤマトタマムシ）

出合い度 ★★☆☆☆

太陽光で変化する息をのむ昆虫界の宝石

真夏の炎天下に広葉樹の林で観察することができる美しい甲虫。その色と金属的な光沢は虫の体とは思えません。晩夏には枯れた樹木に産卵するため、貯木場などで観察できることもあります。緑の地に2本の赤い筋が通った、輝く背の部分が硬い前ばね。後ばねは前ばねの下にたたまれて見えません。昔からその美しい前ばねは装飾用に使われてきました。奈良の法隆寺に所蔵されている国宝「玉虫厨子」は、このヤマトタマムシの前ばねがつかわれた代表的な装飾品です。

コラム

色あせない構造色の秘密

タマムシのはねが緑色に光るのは、はねに色素があるわけではなく、「構造色」と呼ばれる仕組みによるもの。体を覆う皮には多くの層の膜があり、光を当てると、鮮やかな緑色が生み出されるのです。時間が経っても退色しないので、装飾用に適しています。

光の当たったタマムシ

分類 甲虫目シデムシ科
大きさ 18〜23㎜
分布 北海道〜九州
時期 4〜10月

オオヒラタシデムシ

人知れず死がいを処理する自然界の掃除人

出合い度 ★★★☆☆

動物の死がいに群がって食べることから、「死出虫」と名前がついた昆虫です。体は平べったいワラジムシ形。都心の緑地やゴミためで多く見られます。幼虫・成虫共に地面にへばりつくように歩いています。メスはミミズの死がいなどで肉団子を作って地中に埋め、そこに1個の卵を産みます。ふ化した幼虫はその肉団子を食べて成長し、地上に出た後は自分でえさを探します。シデムシの仲間が動物の死がいやふんの処理を引き受けてくるので、自然が美しく保たれます。

コラム

シデムシを乗り物にするダニ

シデムシをよく観察するとダニが体に何匹か付いていることがあります。これはダニがシデムシにたかって寄生しているのではなく、背中に乗って、シデムシが捕食する次のえさへの移動手段として利用しているのです。死肉をえさにするオサムシでも観察できます。

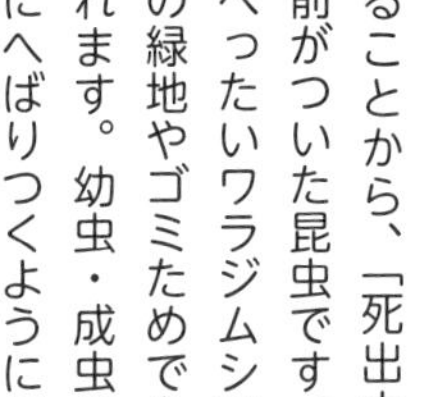

背中に付いているオレンジ色のものがダニ

分類　甲虫目カミキリムシ科
大きさ　44～55㎜
分布　本州～南西諸島
時期　6～8月

シロスジカミキリ

出合い度 ★★★☆☆

日本最大級のカミキリ。幼虫は木の大敵

初夏にはブナの木などで見られ、灯火に飛んでくることもあります。メスは木の皮に穴をあけ産卵しますが、幼虫期が長いのが特徴。ふ化した後、木の中で2年以上も内部を食べ続けるため、食い荒らした木は枯れてしまったり、強度が弱くなり倒木の原因になったりします。幼虫が食べた木の空洞がまるで鉄砲で打ち抜かれたように見えるので「鉄砲虫」という別名も。前ばねの黄色の模様が死ぬと真っ白な筋模様に変わるので、この名前がつきました。

コラム

「昆虫酒場」を作るヌシ!?

メスが産んだ卵は幼虫になって木の内部を食べ続け、やがて樹皮を食い破って成虫として外に出てきます。成虫が食い破って出てきた穴やメスが卵を産むために樹皮に傷をつけたところから樹液がしみ出てきます。これが虫たちが集まる昆虫酒場（→ P.135）となって、他の多くの虫たちを呼び寄せることになります。

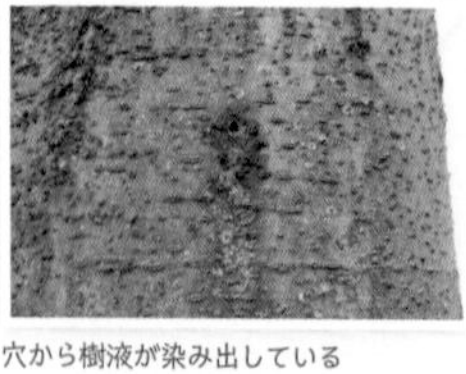

穴から樹液が染み出している

分類 甲虫目ゾウムシ科
大きさ 4～8㎜
分布 本州～南西諸島
時期 4～7月

コフキゾウムシ

小さい虫でも見つけるのは意外に簡単

出合い度 ★★★☆☆

平地や都市部の公園に生息し、クズやハギなどのマメ科の葉を好む小さな甲虫です。オスとメスが葉の上で交尾している様子がよく見られます。体は黒色ですが、名前の通り、白みがかった粉をまとっているため、薄緑色に見えます。長い口（こうふん）をもつゾウムシの仲間ですが、本種のこうふんは太く短くなっているのも特徴。縁にギザギザの跡を残して葉っぱを食べます。食べ跡がある葉の上や裏側にいることが多いので、葉をそっとひっくり返して観察してみましょう。

コラム

小型昆虫を集めてみよう

葉っぱの上や裏側に生息するゾウムシの仲間。大きさが数ミリサイズの小さな虫を採集するには、「ビーティング採集」がおすすめです。これは木の下に昆虫採集用の網を広げ、木の枝をたたき、昆虫を落として採集する方法。網は傘でも代用可能です。

分類　甲虫目ゾウムシ科
大きさ　9〜10㎜
分布　本州〜九州
時期　4〜8月

オジロアシナガゾウムシ

出合い度 ★★★☆☆

「死んだふり」が得意のパンダカラーの虫

公園や草原のクズの葉や茎で見られる小さな虫です。「パンダ虫」と呼ばれ、背面の模様は白と黒にはっきりと色分けされ、体の表面はこぶだらけ。特に目を引くのが前脚にある小さなとげ状のふたつの突起です。あまりかわいくない外見は、鳥のふんを擬態しているといわれています。ゾウムシの仲間らしく長くて太い口（口ふん）をもち、メスはこの口でクズの茎に穴をあけて産卵します。その部分は虫こぶになり、幼虫はこの中でさなぎになります。

観察ポイント

死んだふりが大得意

ゾウムシ類の仲間は、とても神経質な虫。振動を感じたり、人の気配を察したりすると、すぐに死んだふりをします。体を丸めて動かなくなったり、葉から地面に転げ落ちてしまったりするものもいます。なかなか辛抱強く、一度この状態になるとすぐには元には戻りません。

葉の上で死んだふりをするシロコブゾウムシ

分類　ハチ目スズメバチ科
大きさ　30〜40㎜（働きバチ）
分布　北海道〜南西諸島
時期　4〜10月

オオスズメバチ

秋が一番怖い！容赦なく攻撃する一番危険なハチ

出合い度 ★★★☆☆

大きさは世界最大級。日本に生息するハチで、最も強い毒をもち、攻撃性も高い危険な昆虫です。樹洞や地中などに巨大な巣を作り、集団で生活しています。強力なあごでとらえた虫をかみ砕き幼虫のえさにするほか、クヌギなどの樹液も集めます。働きバチがもつ長い毒針は、巣を守るためにメスの産卵管から進化したもので、強力な武器となります。晩夏から秋、新女王バチが生まれる時期は、働きバチが巣を守るため神経質になり、攻撃性が高まるので特に注意が必要です。

コラム

スズメバチのエネルギーは幼虫から

1日100kmも飛行するという抜群の身体能力をもつオオスズメバチ。はねを動かすための発達した筋肉や、カチカチと敵を威嚇し、獲物をガシッとつかむ大あご。これらを支える栄養源は、幼虫が出す体液です。働きバチは食道が細く液状のものしか食べられません。

分類	カメムシ目サシガメ科
大きさ	16～24㎜
分布	本州（関東地方以西）～九州
時期	5～6月

ヨコヅナサシガメ

出合い度 ★★★☆☆

横綱のようなおなかの模様。害虫の天敵にも

　サクラやエノキの幹で生活をしている外来のカメムシの仲間です。「サシ（刺）ガメ」という種類で、素手で触ると、細長く鋭い口（口ふん）で刺すことがあり、刺されるととても痛いので注意が必要です。ふだんはこの口で、チョウやガの幼虫などの体液を吸って栄養をとっています。害虫であるヒロヘリアオイラガ（→P.91）の天敵で、幼虫を捕獲対象とするので、益虫であると考えられます。おなかの白と黒の模様を、立派な横綱の化粧まわしに見立てて、この名前がつきました。

観察ポイント

脱皮直後の色に注目！

黒色に赤や白が混ざった幼虫の体。脱皮直後には、まるで別の種類の昆虫のように鮮やかな赤色になります（体が固まるにつれて黒くなります）。これは、カメムシ類に見られる特徴。脱皮を繰り返したあとは、ふ化した場所にかたまって、集団で冬越しをします。

脱皮した直後はこんな色

分類	カメムシ目セミ科
大きさ	20～24㎜
分布	北海道～南西諸島
時期	6～9月

ニイニイゼミ

体は擬態のように木の皮にそっくり

出合い度 ★★★☆☆

平地や低山地の雑木林で見られる、小ぶりのセミ。左右に張り出した前胸の三角形の突起と、前ばねのまだら模様が特徴で、胸の色が緑や橙に変わるものも。地味な体色が保護色になっていて、サクラの樹にとまっていると、鳴き声は聞こえるのに姿はみえないことがあります。一日をとおして「チィー」「ジィー」と長くのばしながら、音程を上げ下げして繰り返し鳴きます。石垣島のイシガキニイニイもよく似た仲間ですが、個体数が激減しており国内希少種に指定され、採集や譲渡が原則禁止になっています。

コラム

抜け殻を見分けよう

ニイニイゼミの抜け殻は、猫背のように丸い小型で全身が泥だらけですが、この泥がニイニイゼミならでは。また、オスとメスを見分けるコツは、おなかを裏返したときの、尾の形。先端の手前に2本のスジ（産卵管）があればメス、なければオスです。

全身に泥がついたニイニイゼミの抜け殻

分類　カメムシ目セミ科
大きさ　40～50㎜
分布　本州（関東地方以南）～南西諸島
時期　6～8月

クマゼミ

出合い度 ★★☆☆☆

黒く光沢のあるがっしりした大型のセミ

はねの先まで入れると6㎝にもなる大型のセミ。温暖な地域に生息しており、西日本に多く見られます。クマゼミのオスが鳴くのは早朝から午前中にかけて。アブラゼミ（→P．98）と生息域が重なるところでは、クマゼミが鳴き終わった後、アブラゼミが鳴き始める「鳴き分け」が見られます。体に似合って鳴き声は大きく、おなかでリズムを取って音を出し、「シャーシャー」「ワシワシ」という騒がしい声が森に響きます。鳴きながらひんぱんに木の上を歩きまわるのは、メスを交尾に誘導するサイン。

コラム

虫で知る温暖化②

西日本に多く見られるクマゼミですが、その生息分布は北陸や山陰より、東海から関東南部で多く観察されています。西日本というより、日本の南部に生息、としたほうが正確です。以前は関東南部が北限だったのですが、近年関東の北部でも見られるようになりました。

羽化途中のクマゼミ

分類	カメムシ目セミ科
大きさ	オス29～38㎜　メス21～25㎜
分布	北海道～南西諸島
時期	7～9月

ヒグラシ

朝夕に聞こえる寂しげな鳴き声のセミ

出合い度 ★★★☆☆

スギやヒノキなど、薄暗い針葉樹にいるセミ。はねは透明で、背中の緑や黒の模様が木の幹に溶けこんでいます。その名のとおり、あたりが暗くなる日暮れに「カナカナカナ」と鳴きますが、夜明けや雨のあとにも澄んだ鳴き声が聞こえます。オスのおなかにある空洞が発達していて、音が大きく響くので、鳴き声は遠くまでよく通ります。詩句の題材に好まれるのは、独特の哀愁を帯びた鳴き声が理由でしょう。6月下旬頃に現れ、最盛期を迎えるのは7月から8月初旬です。

観察ポイント

寄生するセミヤドリガ

ヒグラシのおなかに白い綿のようなものが付いていたら、それは寄生しているセミヤドリガの幼虫。幼虫はセミから栄養を吸って育ったらセミからはなれて地上におり、白い繭を作ります。これでセミが死ぬことはありませんが、迷惑な存在であることは確かです。

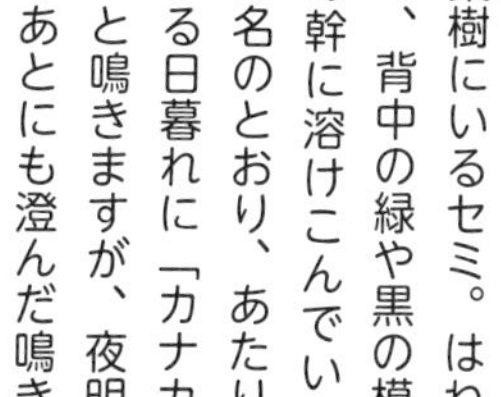

ヒグラシのおなかに寄生するセミヤドリガ

分類　カメムシ目セミ科
大きさ　29～31㎜
分布　北海道～南西諸島
時期　7～10月

ツクツクボウシ

出合い度
★★★☆☆

リズミカルな声で鳴きながらあちこちに移動

楽器のように独特の音色をかなでる小型のセミ。普通は「オーシーツクツク」とゆっくりとしたリズムで鳴き始め、だんだんテンポが速くなります。途中で曲調をかえたり、人が近づくと警戒して鳴き声のピッチが高くなったりと、いろいろ鳴き分けます。警戒心の高いオスは動きも速く、素早く飛んで木の枝を移り歩きますが、産卵場所を探しているメスは低い木にじっとしています。メスは産卵のために、おしりにある細い管（産卵管）で木を削って穴をあけ、そこに卵を産みます。

コラム

「セミの塔」って？

セミの抜け殻のある公園の地面に不思議な土の固まりが見られることがあります。これは土の中で長い時間を過ごした幼虫が、羽化のために地中から這い出すときに穴の周りに盛り上がる土。「セミの塔」と呼ばれ、ツクツクボウシによく見られます。

注意して見ないとなかなか気が付かないセミの塔

分類	カメムシ目セミ科
大きさ	33～36㎜
分布	北海道～九州
時期	7～9月

ミンミンゼミ

王冠のような紋章をもつ鮮やかなセミ

出合い度 ★★★☆☆

日本各地に生息するセミで、関東では平地に、西日本では山地に多くいます。オスは夜明けとともに、街路樹のサクラやケヤキで「ミーンミンミンミー」と大音量で鳴きますが、ひと鳴きしては、ほかの木に移る「鳴き移り」の多さが特徴。メスが近寄ると、テンポを変えて、交尾に誘います。ツクツクボウシにも見た目は似ていますが、本種はかなり大きいので識別できます。体色は鮮やかで、地域によっては違う頭と背中のまだら模様が王冠を思わせます。

コラム

「ミーンミーン」は日本の夏？

ドラマやアニメで暑い夏の日のシーンに「ミーンミーン」という効果音をよく使います。ミンミンゼミは生息地に偏りがあり、東日本の太平洋側では街中でよく聞かれますが、西日本では山に行かないと聞かれません。なので住む場所によっては「ミーンミーン」が夏のイメージと結びつかないことがあるのです。

分類　カメムシ目オオヨコバイ科
大きさ　13㎜
分布　本州～南西諸島
時期　3～11月

ツマグロオオヨコバイ

出合い度 ★★★☆☆

横歩きで逃げるバナナ色のかわいい虫

平地から山地の樹木や果樹など、さまざまな場所で出合えるカメムシの仲間。はねの先が黒いことから「ツマグロ」と呼ばれ、背中の鮮やかな黄緑色の形から「バナナムシ」という愛称もあります。大きさは13㎜ほどで、背中の6つの黒点がポイントに。ストロー状のこうふんで、かんきつ類やイネ科の植物の汁を好んで吸うので、農作物が傷ついてしまうことも。ただイネの大敵である同じ仲間のツマグロヨコバイほど大きな被害にはなりません。

観察ポイント

横歩きが得意なヨコバイ

草地などで、ピョンピョン跳ねる姿が印象的なツマグロオオヨコバイ。ヨコバイは危険を察すると横歩きをして逃げるため、「横這い＝ヨコバイ」と呼ばれます。葉上に集団でいることが多く、近づくと、サッと葉裏に隠れてしまいます。蛍光灯などの光にも集まるので、家の網戸などで見つかるものもいます。

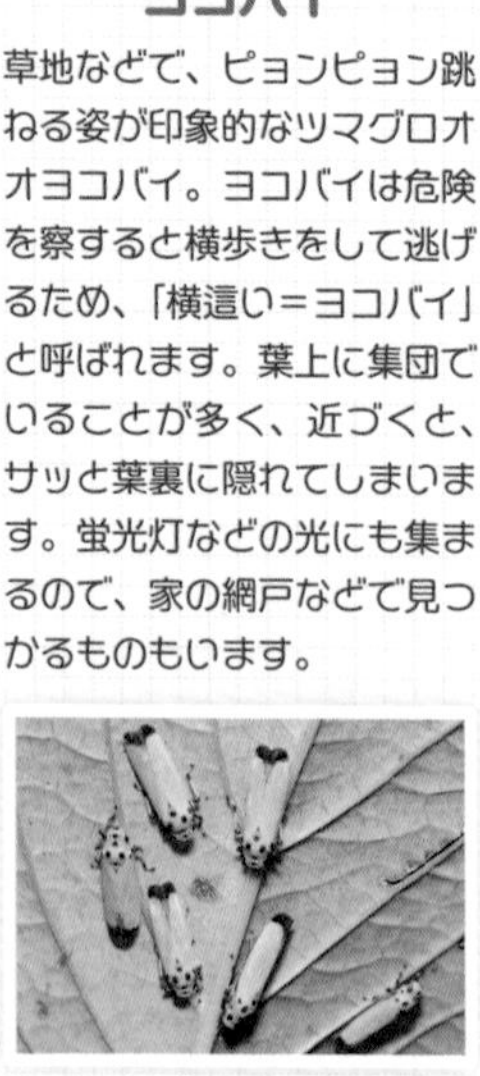

葉っぱの上に集まるツマグロオオヨコバイ

分類　カメムシ目アワフキムシ科
大きさ　11~12㎜
分布　北海道~南西諸島
時期　5~10月

シロオビアワフキ

幼虫は自ら作る白い泡で身を守る

出合い度 ★★★☆☆

日本中に広く生息するアワフキムシの仲間。成虫の姿はハゴロモ（→P．155）の仲間に似ています。はねに白い帯があり、刺激をあたえると勢いよく跳ねあがります。ストロー状のこうふんを植物に刺し、液を吸って栄養にします。幼虫も同じく植物の液で成長します。成虫の姿より知られているのがヤナギなどの木の枝や茎についた白い泡。これは幼虫が作った巣で、この泡の中にいれば、一部の昆虫を除いて幼虫は敵に襲われることはなく安全です。大きな泡の中に、幼虫が集団でもぐっていることもあります。

コラム

泡の中で育つ幼虫

アワフキムシの幼虫は自分の排泄した液体を使い、おなかをポンプのようにして空気を取りこんで泡を作ります。普通の昆虫は泡のなかでは呼吸ができず窒息してしまいますが、幼虫の体は泡の中でも呼吸ができるような特殊な構造になっています。

泡でできたアワフキムシの幼虫の巣

分類　カメムシ目カメムシ科
大きさ　10～12㎜
分布　北海道～南西諸島
時期　6～10月

チャバネアオカメムシ

出合い度
★★★☆☆

多くの植物をえさにするけれど果樹園が大好き

三角の頭に五角形の体、そこから出る細い足。全体がカメを連想させる昆虫。この仲間はさまざまなものが全国に生息していて、これもそのひとつです。文字通り青（緑）の体に茶色のはねがあります。カメムシは野菜やイネ、果樹など、えさの対象になる植物が多く、農家の天敵。チャバネアオカメムシは時にミカンなどかんきつ類の果樹園で大発生することがあり、こうふんで収穫前の果物の汁を吸って腐らせてしまい、農作物を台無しにしてしまいます。

コラム

幼虫時代に5回も変身

カメムシは一生のうちに、卵→幼虫→成虫と3つの成長段階をふみます。チョウはイモムシからさなぎを経て成虫になる段階でそのつど大きく形が変わります。カメムシやバッタの仲間は、各段階で大きさは変わりますが、体の形はあまり変わりません。チャバネアオカメムシは幼虫期に5回脱皮して成虫になります。

チャバネアオカメムシの幼虫

分類　カメムシ目アオバハゴロモ科
大きさ　5〜7㎜
分布　本州〜南西諸島
時期　7〜10月

アオバハゴロモ

もこもこした綿毛で天敵をカムフラージュ

出合い度 ★★★★☆

雑草が茂る空き地や森のなかの草木でよく見られる小さな緑の昆虫。淡緑色をした大きな前ばねを立てて止まります。体も後ばねもほぼ隠れているので、枝に止まっている姿は三角の小さな葉っぱのようです。木の汁をえさにしており、1本の枝にたくさんの個体が同じ方向を向いて取りついている姿をよく目にします。近づくとピョンと跳ねあがります。幼虫は尾の先から排出した、綿毛のような白いワックス（ロウ物質）を木の枝に広げ、この中に身をひそめて暮らしています。

観察ポイント

ロウをまとった幼虫集団

クワやイチジクの木の枝に白い綿のようなものがついていることがあります。これはアオバハゴロモの幼虫。動きも鈍く、毒があるわけでもない幼虫は、さまざまな天敵に襲われる可能性があります。それを少しでも逃れるために綿毛に隠れて過ごすのです。

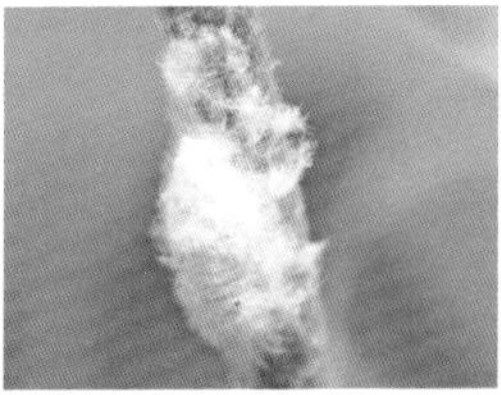

成長するにつれて綿毛が減っていく

分類 カメムシ目キンカメムシ科
大きさ 16～20㎜
分布 本州～九州
時期 5～8月

アカスジキンカメムシ

出合い度
★☆☆☆☆

歩く宝石ともいわれる美しい昆虫

カメムシのなかでキンカメムシの仲間はその姿が美しいことで有名。この種も光沢のある緑の体に赤い線が入り、まるでデザインされたブローチのよう。コナラやフジ、ミズキの葉の上などで見られます。ユニークなのは、成虫と幼虫で色も模様も変わること。幼虫は丸くて白黒の地味な色ですが、成虫になると、宝石と呼ばれるような色になります。幼虫で越冬し、成虫になるのは5月頃。幼虫はよく見られますが、成虫にはなかなか出合えないので、目にしたらとてもラッキーです。

コラム

生きている間だけ美しい？

アカスジキンカメムシは、死ぬと体色がくすみますが、これは乾燥によるもの。死んだ個体の外皮を水でぬらすと、多層膜と呼ばれる層がふくらんで、美しい背模様が復活します。光の反射によって色が違って見える、タマムシ（→ P.140）とは輝き方が異なります。

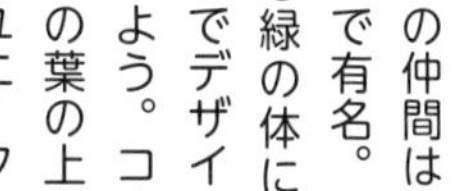

羽化直後のはねはこんな色

分類　カメムシ目カメムシ科
大きさ　13～18㎜
分布　北海道～南西諸島
時期　4～10月

クサギカメムシ

臭いにおいをふりまく嫌われもの

出合い度　★★☆☆☆

　暗褐色のまだら模様をもち、日本のカメムシの中で大型の種。幼虫はえさとなる植物が限られますが、成虫はさまざまな植物につき、葉、茎だけでなく果実について汁を吸い作物に大きなダメージを与えます。農作物に被害を与えるだけでなく、刺激を受けると身を守るために、強烈な悪臭を放つ嫌われもの。幼虫は5回脱皮をくりかえし、8月には成虫になります。晩秋になると越冬のために集団で室内に入り込むものがいて、これが部屋の中で臭いにおいを放つと最悪です。

コラム

カメムシの臭いってどこから？

カメムシの体には、脚の付け根に臭腺と呼ばれる小さな穴があり、刺激をうけると、ここが開いて液体が外へ出て、これが空気に触れると悪臭として広がります。カメムシの仲間はすべて臭いわけではなく、なかには甘いさわやかなにおいを放つものもいます。

分類	カメムシ目ツノカメムシ科
大きさ	11～13㎜
分布	北海道～南西諸島
時期	5～10月

エサキモンキツノカメムシ

出合い度
★★★★★

背中にハートマークをつけ子育てにはげむ

野原や公園でもよく見られるカメムシで、樹液を多く含んだミズキやサンショウで、樹上生活をしています。茶褐色をした体の両肩には、黒く突き出た突起があり、背中には、大きな黄色のかわいいハート模様を背負っています。メスはミズキが実をつける6月頃に葉裏に卵を産みつけて、その卵を守る姿が知られています。長い名前は、ツノカメムシの仲間で、エサキは昆虫学者江崎悌三さんの名前から、モンキは背中の「紋黄」が由来になっています。

コラム

驚き！ 子を守る習性

メスが子どもを見守ることで有名なエサキモンキツノカメムシ。初夏に産んだ卵は、ふ化するまで体の下で保護し、ふ化後は幼虫が１度脱皮をするまで面倒を見続けます。親が子どもを保護する昆虫は多くはないですが、十数種のツノカメムシの仲間に見られる行動。そのほかハサミムシ（→ P.101）でも見られます。

卵を守るエサキモンキツノカメムシのメス

分類　チョウ目タテハチョウ科
大きさ　29～34㎜
分布　本州～九州
時期　5～10月

ヒカゲチョウ

はねの目が特徴。日陰を好む地味なチョウ

出合い度　★★★☆☆

はねの二重丸の模様は動物（ヘビ）の顔を模した擬態で、天敵である鳥に襲われないようにするため。日中は林の中の薄暗い場所や日陰を好み、夕方になると活発に飛びまわり、樹液などにやってきます。よくガに間違えられるチョウ、クロヒカゲによく似ていますが、ヒカゲチョウのほうが全体的に明るい色です。幼虫の頭にはネコの耳のような角のような突起が2つあります。タケやササ類の植物の葉を食べて育ち、葉裏で越冬します。日本にしかいないチョウです。

観察ポイント

ヒカゲチョウ幼虫のツノ

ヒカゲチョウなど、多くのタテハチョウの幼虫は、ツノのような突起を生やしていて、とてもかわいい見た目です。一度目の脱皮で、突起が目立ち始めますが、脱皮を重ねることで、突起はだんだんなくなり、さなぎになる直前は、ほとんど消えてしまいます。

愛嬌のあるヒカゲチョウの幼虫

分類	チョウ目セセリチョウ科
大きさ	13～16㎜
分布	北海道～九州
時期	4～9月

コチャバネセセリ

出合い度 ★★★★☆

長い口でいろいろなものを吸い上げる

日本各地でよく見られるチョウ。暖かな場所を好み、関東以西では4月ごろから姿を見せます。小さい茶色の外見で、よく似たイチモンジセセリは、後ばねの白模様が一列ですが、本種は不規則に並びます。ヒラヒラと舞うように飛ぶチョウが多いなか、このチョウはすばやく飛び回り、花の蜜や動物や鳥のふんにやってきます。幼虫はササ類の葉を巻くようにして巣を作りますが、越冬前には巣ごと自ら地面に落とし、さらに落とした巣を糸で頑丈に補強して中で羽化します。

観察ポイント

セセリチョウの「吸い戻し」

コチャバネセセリは、花の蜜ほか、動物のふんに口（こうふん）を差し込んで汁を吸ってミネラルなどの栄養分を吸収します。乾いたふんにはまず葉上や地面で吸った水滴や自分の尿をかけて柔らかくし、栄養分を吸収しやすい形にしてから吸っています。

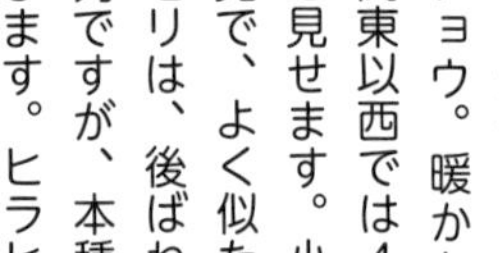

花の蜜を吸うコチャバネセセリ

分類　チョウ目タテハチョウ科
大きさ　16～20㎜
分布　北海道～南西諸島
時期　4～9月

ヒメウラナミジャノメ

ひときわ目立つ目玉をもったチョウ

出合い度 ★★★☆☆

蛇の目をもつヒカゲチョウ（→P.159）の仲間ですが、こちらのほうが目玉のような模様が大きくインパクトがあります。名のとおりにはねの裏にも細かい波模様があります。幼虫はイネ科などの植物を好むため、チヂミザサやススキが茂る河川敷や、空き地でよく見られ、成虫は見晴らしのいい草地の上を、葉から花へと跳ねるように飛んでいます。卵は枯草が重なった場所などに、1卵ずつ産みつけられますが、産卵場所にあまりこだわりはないようです。

コラム

希少種 ウラナミジャノメ

はねに蛇の目がついたジャノメチョウは、目の大きさや形、その数が違う似かよった種類がたくさんいます。なかでもヒメウラナミジャノメによく似たウラナミジャノメは、本州の限られた場所でしか見られない希少種。近年では個体数が減り、環境省により絶滅が心配される生きものに指定されています。

ウラナミジャノメははねの裏に目が４つ

分類	チョウ目タテハチョウ科
大きさ	30～38㎜
分布	北海道～九州
時期	4～9月

サトキマダラヒカゲ

出合い度 ★★★☆☆

判別が悩ましいチョウ

低地の雑木林や公園で見られ、ヒカゲチョウ（→P.159）同様、明るい場所は好まず、日が落ちてから盛んに飛び回る身近なチョウです。はねは地味な茶色で、はね裏は黄褐色。前ばねと後ばねのフチには、黄色と黒の蛇の目が並びます。同じ仲間に、山間部にすむヤマキマダラヒカゲがいますが、見分けがつかないほど、模様も大きさもそっくり。幼虫はササやタケ類を食べ、成虫は樹液や虫の死骸、動物のふんによってきますが、花の蜜は吸いません。

コラム

サトとヤマの判別ポイント

よく似たサトキマダラヒカゲとヤマキマダラヒカゲを見分けるコツは、後ばね裏の付け根にある３つの丸。この丸が直線に並ぶのがサト、真っすぐ並んでいないのがヤマ。ただ例外もあり、実際成虫を見分けるのは難しいので、標高 500 m以上の山地で見られるのはヤマで、平地にいるのはサトと覚えておきましょう。

こちらがヤマキマダラヒカゲの成虫。違いわかりますか？

分類	チョウ目ミノガ科
大きさ	オス16㎜　メス（体長）25～30㎜
分布	本州～南西諸島
時期	6～10月

オオミノガ

出合い度 ★★☆☆☆

ミノムシは幼虫。メスには脚とはねがない

成虫よりも「ミノムシ」と呼ばれる幼虫のほうがおなじみのガ。幼虫は枯葉や小枝を糸でまとめた巣を作りますが、小さな色紙を集めたところに幼虫を置けば、色紙のミノを作ります。初夏、オス(右)はミノを出て羽化しますが、口が退化しています。一方メス(左)は羽化してもミノに入ったまま。口はおろか、脚もはねもありません。羽化したメスはおしりから出すフェロモンでオスを引きつけ、やってきたオスと交尾。ミノのなかに卵を産み、ふ化前にミノから出て息絶えます。

コラム

数を減らすミノムシ

昔は普通に見られたミノムシが、近年数を減らしています。原因はオオミノガに寄生する外来種のオオミノガヤドリバエ。幼虫が食べる葉に卵を産み、その葉を食べた幼虫のおなかの中でふ化して、ミノの中の幼虫を食べて成長していきます。

ミノムシのミノ

分類　ナナフシ目ナナフシ科
大きさ　7～10㎝
分布　本州～九州
時期　5～11月

ナナフシ（ナナフシモドキ）

出合い度
★★☆☆☆

木の枝そっくりのユニークな昆虫

緑または茶色の驚くほど長細い体で、みごとに木の枝に擬態しています。注意深く観察しても、なかなか存在に気づきません。もし気づいて捕まえようとしても、逃げようとせず、あえて体を硬くして、「自分は枝です」とがんばることも。これは弱い昆虫の生き残る知恵です。幼虫の頃は天敵に狙われると、脚を自ら切って逃走します。幼生の段階であれば脚は脱皮を重ねると少しずつ再生します。よく似たエダナナフシは触角が長いので区別できます。

コラム

変わった卵の産み方？

ナナフシはオスがいなくても卵を産むことができる昆虫。実際オスはほとんどいません。樹上生活をするメスは、植物の種のような卵を地面にパラパラと産み落とします。広範囲に産んだ方がよいわけは、ふ化するまでの期間が半年間もあることや、はねがなく移動が大変な幼虫を生き延びさせるためです。

分類	甲虫目オトシブミ科
大きさ	オス8～10㎜　メス6～7㎜
分布	北海道～九州
時期	5～8月

エゴツルクビオトシブミ

巨大な葉を丸めて巣作りする器用なメス

出合い度 ★★☆☆☆

エゴノキの若葉が好きな1㎝以下の小さな甲虫。オスが伸ばしている首がツルの首のように長いのでエゴツルクビに。メスはエゴノキの花が咲く5月頃に動き出し、卵を守るために葉を丸めて中に産卵し、そこで幼虫は成長します。葉でできたこの巣を揺籃（ようらん）と呼び、のちに切り落とされて地面に落ちます。この地面に落ちた揺籃が「落とし文」（オトシブミ）を思わせるのが名前の由来。「落とし文」とは丸めた手紙を地面に落とし、それを相手に拾わせる昔の習慣です。

観察ポイント

手の込んだ不思議な揺籃

メスがたった一匹で行う揺籃づくり。まず平らで大きな葉を噛み切ってしおれさせ、それを巻き上げて立体な巣に仕上げていきます。驚かされるのは、できあがった揺籃を切ると、測ったように真ん中に１つの卵を産みつけていることです。

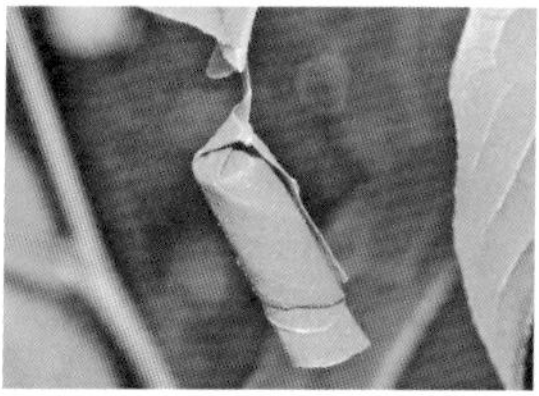

虫が作ったとは思えない出来栄え

分類	アミメカゲロウ目ウスバカゲロウ科
大きさ	33～37㎜
分布	北海道～南西諸島
時期	7～9月

ウスバカゲロウ

出合い度
★★★★☆

幼虫期はまったく姿が違うアリジゴク

名前はカゲロウですが、水生昆虫で成虫になると数時間から長くても数日しか生きられないカゲロウとは別の昆虫。この虫は成虫で3週間は生きています。外見はトンボに似ていますが、トンボのようにすばやく力強く飛ぶこともありません。日中薄暗い林でひらひらと飛行し、夜は街灯に集まります。卵は土の中に産みつけられ、ふ化した幼虫はアリジゴクと呼ばれています。神社の軒下など乾燥したところにすり鉢状の巣穴を作って地中に潜んで穴に落ちてくる虫の体液を吸います。

コラム

飢えに強い！　幼虫の生命力

アリジゴクは巣穴の底でひたすら虫が落ちてくるのを待っています。巣穴から出てほかの虫を襲うわけではないので、１ヵ月以上もまったく食べ物にありつけないこともあります。飲まず食わずでも１ヵ月以上生きられるほど強い生命力を備えています。

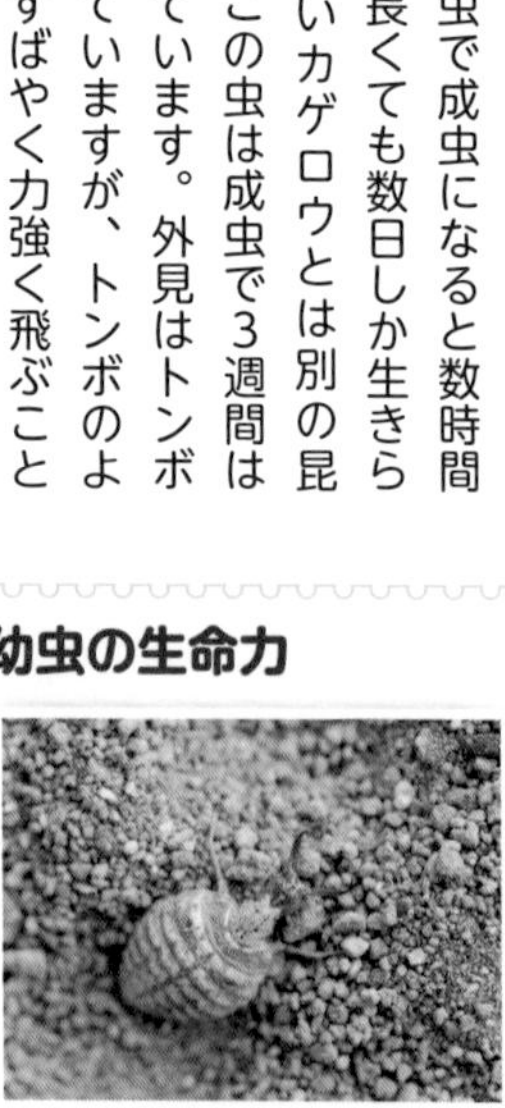
ウスバカゲロウの幼虫（アリジゴク）

分類　アミメカゲロウ目クサカゲロウ科
大きさ　13〜18㎜
分布　北海道〜南西諸島
時期　5〜9月

ヨツボシクサカゲロウ

卵は植物そっくりで別名「うどんげの花」

出合い度
★★★☆☆

ウスバカゲロウ（P.166）と同じくカゲロウとは別の昆虫。薄暗い林の葉の上にいるのをよく目にします。緑色の体に透明で大きなはねはレース編みのように美しく、ヨツボシの名前のとおり、頭部に4つの黒い点があります。クサカゲロウのクサは「草」ではなく「臭」。成虫は嫌なにおいを出します。光に集まる習性があるので、街灯などに大量に集まることも。観葉植物や野菜の大敵であるアブラムシを食べるので畑などでも見られます。

観察ポイント

「うどんげ」と呼ばれる卵

クサカゲロウの卵は変わっていて、メスが卵を産みつけるときにその場所に特別な液体をたらし、そこに腹をつけて持ち上げると糸を引いて、その先に1mmほどの小さな卵がつきます。その形が植物のように見え、「うどんげ（優曇華）の花」と呼ばれています。これは三千年に一度花が咲くというインドの想像上の植物です。

繊細な植物のように見える卵

分類 シリアゲムシ目シリアゲムシ科
大きさ 15～22㎜
分布 本州～九州
時期 4～8月

ヤマトシリアゲ

出合い度 ★★☆☆☆

えさをたくさん贈り続けるオスの求愛

オスのお尻の先が、サソリのように反り返っていることからこの名前になった昆虫。日本で見られる代表的な種類がヤマトシリアゲです。年に2回、春と秋にあらわれますが、春に羽化するものは体色が黒く、晩夏に羽化するものは体が黄色く尾が赤いため、過去にはこの2つが別種と思われていました。オスの尾にはハサミ型の突起があり、交尾ではメスをはさみこむ仕組みがあり、求愛するときにオスからメスにせっせとえさを与える「婚姻贈呈」が有名です。

コラム

贈り物でごきげん取り

シリアゲムシの仲間には、自分で採ったえさを用意して求愛する面白い習性をもつものがいます。オスがフェロモンを放ってメスに接近し、交尾後にえさを差し出すものや、ガガンボモドキのように、先に獲物を差し出すものまでさまざまです。

交尾するヤマトシリアゲ

池や河川、水辺の昆虫

トンボやホタルなど、水辺で見られる昆虫の多くは、幼虫の時期に水の中で大きくなります。水の中と外、まったく違う環境で暮らす昆虫たちの興味深い生態を観察してみましょう。

どこにいる？

- 湖や公園の池、貯水池などの周辺。
- 水田や周囲の用水路。
- 川原や小川のほとり。
- 水たまり。

気を付けよう！

- 危険な場所、立ち入り禁止の場所に立ち入らない。
- 水の近くにはひとりで行かない。
- 釣りなどをしている人の迷惑にならない。

分類　トンボ目オニヤンマ科
大きさ　95～100㎜
分布　北海道～南西諸島
時期　6～10月

オニヤンマ

出合い度 ★★★☆☆

飛行能力は昆虫界一！　トンボで日本最大の種類

国内のトンボでは一番の大きさ。成虫は眼がエメラルドグリーンに輝き、体は黒と黄色の縞が鮮やか。とても人気のある昆虫ですが、空中を飛びまわるすばやさは生き物のなかでもダントツで、なかなか捕まえることができません。肉食性で、空中でハエやアブなどをとらえます。成長したオスは小川の流れに沿って、同じコースを行ったり来たりしてメスを探します。オニヤンマの幼虫（ヤゴ）は長い間水の中で過ごすので、メスはきれいな水が穏やかに流れる場所を探して卵を産みます。

コラム

オニヤンマはヤンマ科ではない？

トンボの仲間は日本に約200種類生息しており、はねの形や複眼などで分類されています。ヤンマという名前がつくものにはオニヤンマ、コオニヤンマ、ギンヤンマなどがいますが、それぞれオニヤンマ科、サナエトンボ科、ヤンマ科と違う種類です。

コオニヤンマは複眼の間隔が離れている

分類	トンボ目ヤンマ科
大きさ	70〜80㎜
分布	北海道〜南西諸島
時期	5〜10月

ギンヤンマ

最高時速 100km は間違いなく昆虫界最速！

出合い度
★★★☆☆

直進速度やホバリングの能力など、その飛行能力は昆虫界随一。日当たりがいい池などでよく見られます。オスはおなかの付け根がきれいな水色で、その先が銀白色になっているので「ギン」名がつきました。なわばり意識が強く、オスはしっぽの先で、自分のテリトリーにきたメスの首をつかみ、ハート型になって交尾をします。オスとメスは産卵するときもつながったまま、水辺の植物に、おしり（産卵管）を突きつけて卵を産みます。メスだけで産むことはめったにありません。

コラム

遺伝子を残すトンボのオス

トンボの仲間のなかには、オスは産卵中のメスに近づいて、さらってしまうことがよくあります。その場合、先にメスの体にたまった別のオスの精子をかき出して、自分の精子で産卵させようとします。自分の遺伝子を残そうとするのは生きものの本能です。

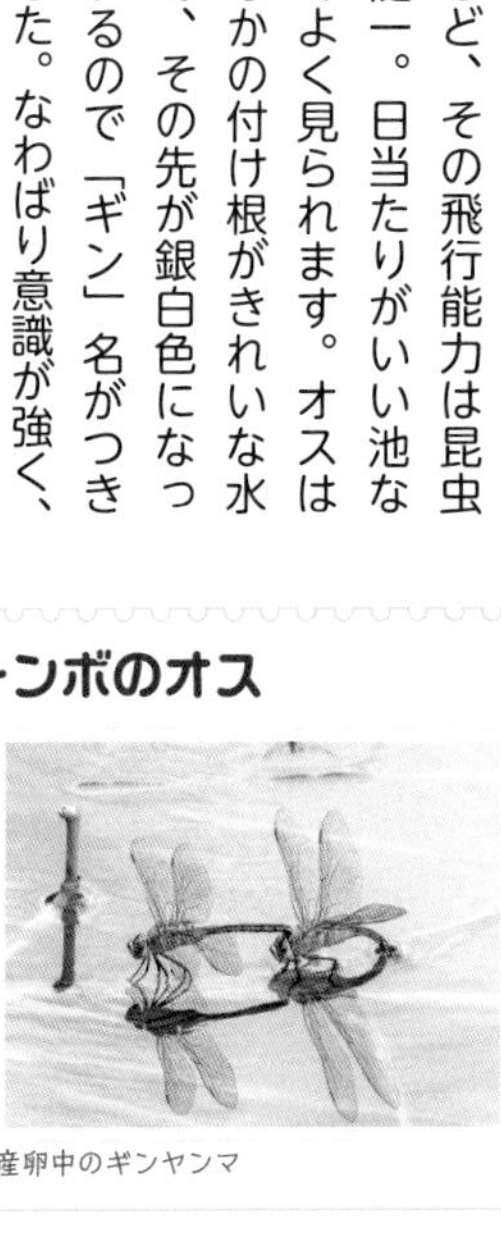

産卵中のギンヤンマ

分類	トンボ目トンボ科
大きさ	50～55㎜
分布	北海道～南西諸島
時期	4～10月

シオカラトンボ

出合い度 ★★★★☆

メスの産卵をオスが見守る立ち会いが定番

公園の池や水を抜かないプールでよく見られる中型のトンボです。オスの胸やおなかは、成熟につれて白い粉（塩）がふいたように見え、これが名前の由来です。なわばりをもつオスは、枝先に止まってえさを待ちかまえながら、近くに昆虫がくると飛びかかり、また同じところに戻ってくる習性があります。交尾のあとメスはおしりを水に打ちつけて産卵をしますが、オスはその間立ち会いをして、ほかのオスに邪魔されないように見張ります。

コラム

オスの体になって産卵するメス？

シオカラトンボは、オスは青色でメスは茶色と違った体色です。トンボの仲間には、メスなのにオスと同じ色になる「オス型のメス」が出てくることがあり、これはしつこく交尾をしようとするオスを避けるために体色を変えているとの説があります。

シオカラトンボのメス

分類	トンボ目トンボ科
大きさ	39～47㎜
分布	北海道～南西諸島
時期	4～6月

シオヤトンボ

シオカラトンボに似た、青白い春限定のトンボ

出合い度 ★★★☆☆

早春にシオカラトンボより先に見られます。日本ならではの種類で、よく似たシオカラトンボよりもひとまわり小さく、くびれのないずんぐりとした体型。羽化のあとはオスもメスも同じような黄色ですが、成熟するとオスは体に青白い粉をふくようになります。オスのなわばりはせまく、メスがくるとすぐに水辺の植物に止まって、交尾も静かに行います。産卵中はオスとメスのつながりはときますが、メスを守るためにに近くでオスがつきそいます。

観察ポイント

シオヤトンボのヤゴ

シオヤトンボは成虫もシオカラトンボに似ていますが、ヤゴ（幼虫）も暗褐色でシオカラトンボのヤゴとそっくりでなかなか識別できません。食欲も旺盛で、えさを食べるときは、おりたたみ式になった下あごが飛び出ます。少し流れのある水たまりなどで冬を越し、翌年の４月にはトンボになります。

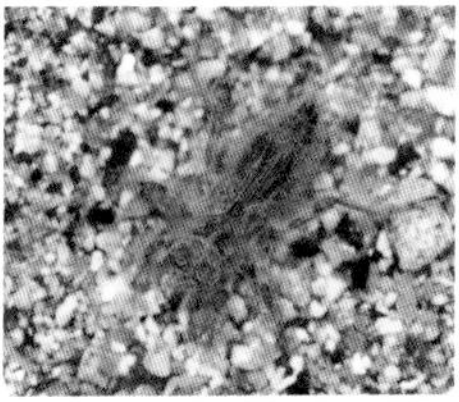

これはシオカラトンボのヤゴ

分類	トンボ目トンボ科
大きさ	37～42㎜
分布	北海道～南西諸島
時期	6～12月

ナツアカネ

出合い度 ★★★☆☆

全身が真っ赤になる美しいトンボ

アキアカネ（→P.175）とともに、代表的な赤トンボとして知られています。アキアカネと似ていますが、こちらのほうが小ぶりで口が黄色。ただ秋になって成熟すると、オスは目の色や胸まで、体ごと真っ赤になります。ナツアカネは群れで移動しないため、羽化した田んぼから近い場所で夏を越します。産卵のしかたがちょっと変わっていて、オスとメスがつながって、水草や田んぼのイネの上でメスのおしりからばらまくように産卵します。だいたい9月にその様子を見ることができます。

コラム

トンボの産卵

トンボの産卵はいろいろ。ナツアカネのように飛びながら卵を産み落とすものや、止まって植物に産みつけるもの、飛びながら水中に産みつけるものなど。オスがつながったまま産卵したり、産卵中のメスを近くで見守ったりする姿も興味深いものがあります。

ナツアカネは連結したまま空中で産卵

分類　トンボ目トンボ科
大きさ　35～45㎜
分布　北海道～九州
時期　6～12月

アキアカネ

山と里の間を群れで渡りをする

出合い度 ★★★★☆

秋に発生するわけではなく、春から初夏に羽化するのはナツアカネと同じ。ただアキアカネは暑さに弱いので、夏の間は標高の高い涼しい場所に移動して姿を消して、秋になり気温が下がってくると集団で繁殖のために里に戻ってきます。赤とんぼですが、赤いのは成熟したオスだけで、メスはさほど赤くならず、オスも体の下の部分は黄色いままなので、ナツアカネと識別ができます。産卵はオスとメスがつながって、メスのおしりを水に打ちつけて行います。

コラム

動物季節観測が縮小

サクラの開花やウグイスの初鳴きなど、植物や動物の様子で季節を観察するのが動物季節観測。2021 年の 1 月から、環境の変化などを理由に観察対象の植物や動物が大幅に縮小されました。アキアカネも対象からはずれた生きもの。「秋の到来を告げる赤トンボ」というニュースがなくなってしまうのは寂しいかぎりです。

枯れススキの穂にとまるアキアカネ

分類	トンボ目トンボ科
大きさ	37～52㎜
分布	北海道～九州
時期	7～10月

ノシメトンボ

出合い度
★★★☆☆

赤くはならないけれど、赤トンボの仲間

アキアカネ（→P.175）と並んでよく見かけるトンボ。アカトンボの仲間のなかでは比較的大きく、お腹が和服ののし目模様に似ていることから、この名前が付きました。6月下旬から羽化しはじめ、周辺に林のある、比較的開けた沼地、水田などで見ることができます。成虫はお腹の斑点が黒くなり、アカトンボながら、体は赤くなりません。はねの先端が茶色く縁どられているのが特徴です。ノシメトンボをひと回り小さくした種類にコノシメトンボがいます。

コラム

たくさんいる赤トンボ

「赤トンボ」という分類はなく、おもに「アカネ属」に分類するトンボの総称です。同じ種類のトンボでも地域や環境によって赤の濃淡が異なり、オスとメスの色も違い、さらにノシメトンボのように赤くない赤トンボもいます。日本には21種いるとされ、専門家でもない限りその種類を識別するのは難しいでしょう。

スリムな体のマユタテアカネ

分類	トンボ目トンボ科
大きさ	40～50㎜
分布	本州～南西諸島
時期	6～9月

コシアキトンボ

ビニールテープを巻いたようなお腹が特徴

出合い度 ★★★★☆

本州以南の各地で目にすることができます。「コシアキ」とは黒い体のなかでお腹（腰）部分が、オスは白、メスは黄になっていて、「空いて」見えることから名付けられました。飛んでいるときはその部分が目立ち、独特な姿が見られます。雑木林に囲まれた池や沼などのほか、市街地の公園の池などに住んでいます。6月の初めから羽化が始まります。池などの岸と水面をホバリングしながら長時間飛び回っているのはなわばりを主張しているオスです。

観察ポイント

なわばり意識が強いオス

コシアキトンボのオスはメスを確保するためになわばりを作り、なわばり内をパトロールしながらメスが来るのを待ちます。そして、メスが来るとすばやく交尾します。一方、ライバルのオスが来ると、ホバリングしながら並行に並び、その後一気に上空へと追い上げて退散させます。

なわばり争いをするコシアキトンボのオス

分類　トンボ目トンボ科
大きさ　44～54㎜
分布　北海道～南西諸島
時期　5～10月

ウスバキトンボ

出合い度　★★★★☆

どこからともなくやってくる渡りトンボ

薄く透明のはねを持ちどこかはかなげな印象。7月の旧盆のころに増えるので「盆トンボ」、死者の生まれ変わりで「精霊トンボ」などとも呼ばれています。寒さには弱いですが環境適応能力がとても高く、日本だけでなく熱帯から亜熱帯にかけて世界の広い地域に生息しています。最大の特徴は「渡り」をすること。日本には、春先に東南アジアや中国大陸から最初に渡ってきて、秋にかけて北上します。産卵から羽化までが40日ほどなので、春から秋にかけて何度も発生します。

コラム

長距離飛行のスペシャリスト

はねをあまりはばたかせず、風に乗ってグライダーのように飛ぶことができるので、長時間、長距離飛行が可能です。体はきゃしゃで軽量ですが、飛ぶ力が非常に強く、スピードも速いことで知られています。陸から遠く離れた海上での目撃情報も多くあります。

優雅に飛ぶウスバキトンボ

分類	トンボ目イトトンボ科
大きさ	30～35㎜
分布	北海道～九州
時期	4～9月

クロイトトンボ

文字通り細い糸が空を飛んでいるよう

出合い度 ★★☆☆☆

イトトンボは名前の通り、糸のように細い体をもった小型のトンボ。おもに平地にある水草が茂る沼や周辺部の小川、公園の池などでよく見られます。クロイトトンボはお腹部分が黒っぽく、胸と尾の先は鮮やかな水色をしているのが特徴で、水面に浮いている水草などにとまっています。水面すれすれを飛んでいる姿は小さな黒い物体が飛んでいるようで不思議な感じ。クロイトトンボもなわばり意識が強いので、晴れた日には活発に飛び回り、オスどうしで争う様子が見られます。

コラム

やっぱりいたモノサシトンボ

イトトンボの真っすぐの体と等間隔の縞模様を見て何を連想しますか？昔も同じことを考えた人がいたようで、「モノサシトンボ」という名前のトンボが北海道から九州まで各地に生息しています。イトトンボの仲間では大きいほうで、白と黒の美しいトンボです。

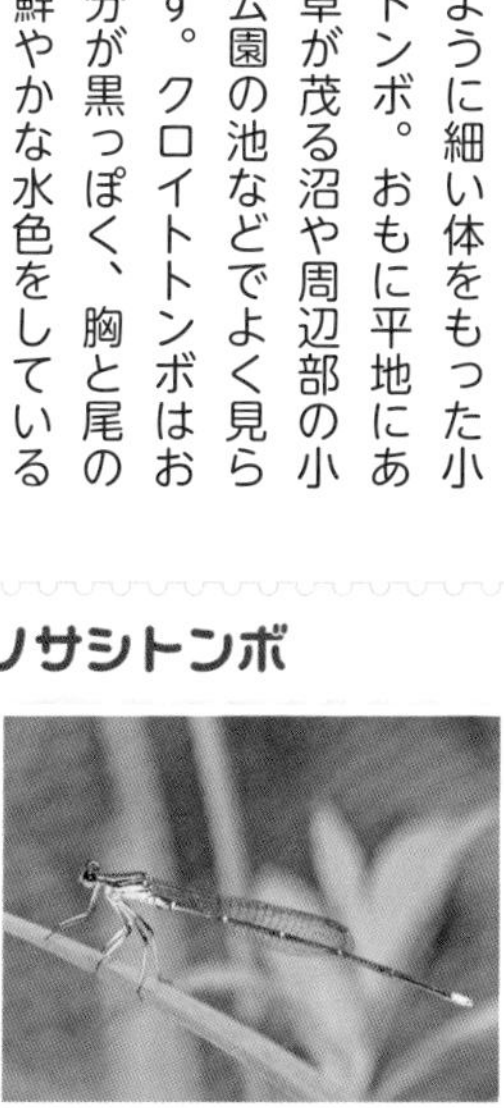

正確に測れそうな（？）モノサシトンボ

分類　トンボ目カワトンボ科
大きさ　57～68㎜
分布　北海道～南西諸島
時期　6～10月

ハグロトンボ

出合い度
★★☆☆☆

チョウのように優雅に羽ばたくトンボ

薄暗いところを好むため、やぶや林のなかで見られます。特徴的な黒いはねを持ち、成虫のオスはお腹がメタリックな緑、メスは全身が真っ黒です。色だけでなく飛び方も特徴的で、ほかのトンボと違い、4枚のはねをチョウのように羽ばたかせ、ひらひらと舞うように飛びます。またはねを閉じて止まりますが、そのはねをゆっくりと開いたり閉じたりする動作を行います。この様子が神様に手を合わせているように見えることから、「神様の使い」として昔から大事にされてきました。

コラム

トンボは縁起のいい虫

後ろに退かず前に進むだけのトンボは、武士の時代「不退転」の象徴として兜などに描かれていました。害虫を食べてくれる益虫なので、農業では豊かな恵みをもたらす虫として、そのほか幸運の象徴として、日本では縁起のいい虫として考えられています。

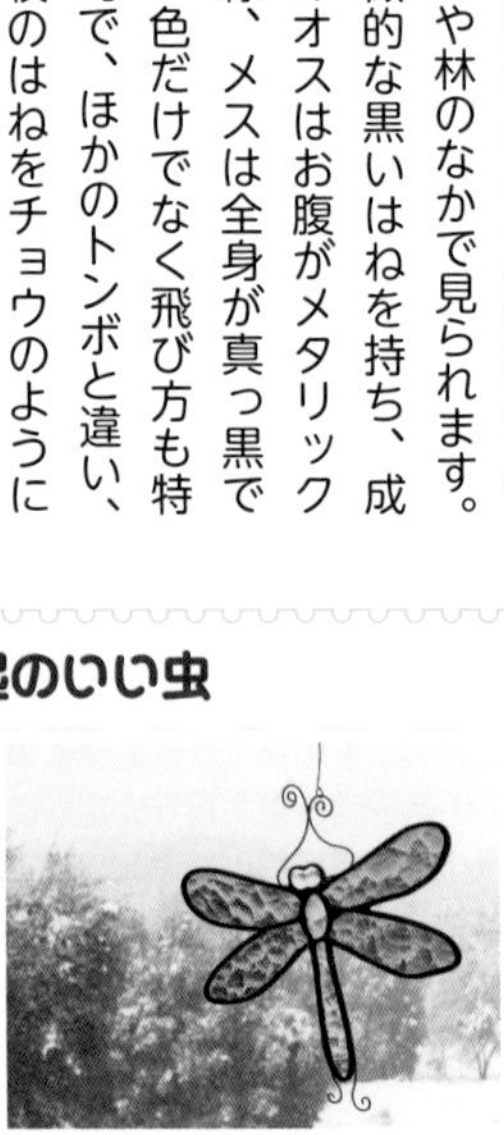

部屋の飾りにも登場するトンボ

分類	コウチュウ目ホタル科
大きさ	10〜16㎜
分布	本州〜九州
時期	5〜7月

ゲンジボタル

清流にのみ生息する日本の夏の風物詩

出合い度
★★☆☆☆

昔から日本の夏の風物詩であるホタルは昼間見ると黒い体と赤い頭の1㎝ほどの甲虫。きれいな川の周辺でしか見られないのは、幼虫のえさとなるカワニナ（巻貝）が清流にしかいないためです。成虫はオスもメスも発光し、5〜6月の暗く静かな夜に光りながら飛び交い、パートナーを見つけて交尾をします。水辺に産み付けられた卵は夏にふ化し、幼虫は水に入って翌年の春まで水の中で成長しその後さなぎになります。羽化した成虫は2〜3週間ほどしか生きられないはかない命です。

観察ポイント

東西で違う求愛

ゲンジボタルの光は求愛の合図。東日本と西日本では光の点滅に差があります。西は2秒おき、東は4秒おきに1回という光り方で、20〜21時頃が発光のピークです。オスとメスでも光り方も違い、リズムよく点滅するのがオス、リズムを刻まないのがメスです。

発光の仕方でオスかメスかわかる

分類	コウチュウ目ホタル科
大きさ	7～10㎜
分布	北海道～九州
時期	6～8月

ヘイケボタル

出合い度 ★☆☆☆☆

穏やかな水田に住むおとなしいホタル

ゲンジボタル（→P.181）と同じように全国に生息し、おもに水田と周辺に住んでいますが、農薬などの影響でその数を減らしています。外見はゲンジボタルに似ていますが、大きさはひとまわり小さく、幼虫はヒメタニシやモノアラガイなどを食べて育ちます。生育のサイクルもほぼゲンジボタルと同じ。成虫になるとオスの光の点滅は、ゲンジボタルよりも速くて、曲線を描くように川辺を飛び、メスを引きつけます。なおホタルは成虫だけでなく、さなぎも幼虫も卵も光ります。

コラム

明るく熱のないホタルの光

ホタル光は、ホタルがもつふたつの物質の化学反応を起こして光るもので熱はありません。緑の光は夜行性の生きものには見やすく、敵には毒があることを示しています。実はこの発光のしくみは謎が多く、まだ解明されていないことがたくさんあります。

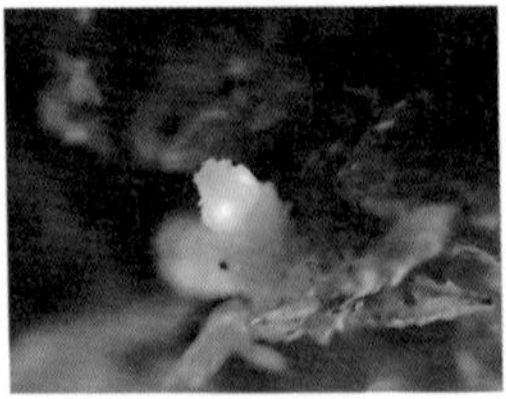

発光する幼虫

分類	カメムシ目アメンボ科
大きさ	11〜16㎜
分布	北海道〜南西諸島
時期	3〜10月

アメンボ

水に浮く特殊な脚で水面をスイスイ

出合い度 ★★★★☆

池や水たまりに住んでおり、細長い体ですいすいと水面をすべる姿をよく目にします。ぜんぜん形が違いますがアメンボはカメムシの仲間で、針のような口があり、水に落ちた虫の体液を吸っています。水の上を沈まずに歩けるのは、水同士が引きあう力（表面張力）をうまく利用しているからで、体や脚には、油分をもった細かな毛が生えていて、これが水をはじきます。おなかの横にある空気の取り入れ口（気門）で呼吸をしているので水の中には入れません。

観察ポイント

アメンボはいいにおい？

アメンボに触れると甘いにおいがします。アメンボの「アメ」は「雨」ではなく「飴」。このにおいは胸にある小さな穴から出ています。カメムシの仲間は強烈な臭いにおいで知られていますが、アメンボのにおいはだいぶ違うようです。

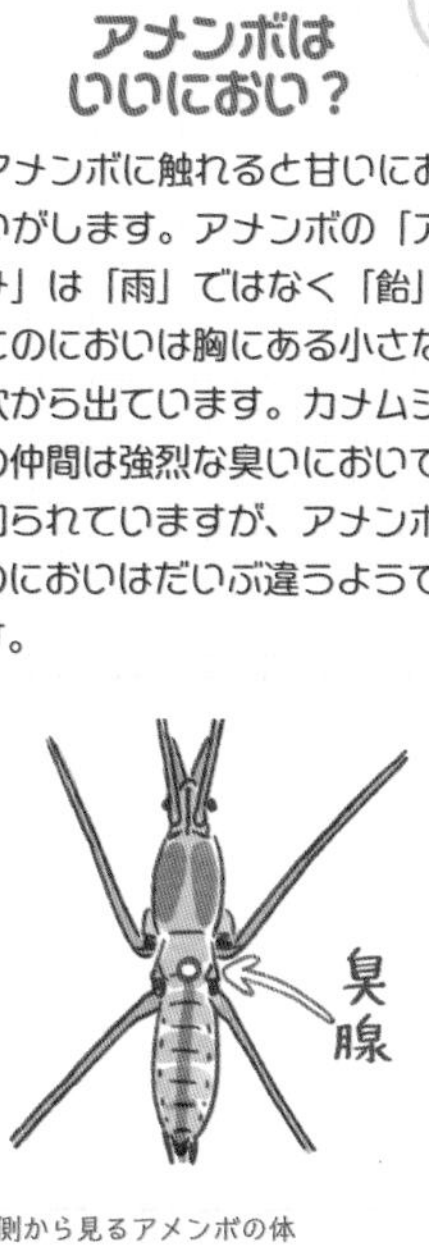

腹側から見るアメンボの体

クモ

家のベランダや軒下、生垣、草むらや林のなかなど、ちょっと身の回りを見てみると、いたるところにクモの巣が見つかります。でもクモが住んでいるのはクモの巣の上だけとは限りません。

どこにいる?

- 軒下やベランダ。(時に室内)
- 建物や塀と接する地面。
- 庭の立ち木、花壇。
- 草むらや雑木林。

気を付けよう!

- 人の家の庭や私有地に入らない。
- 用心深い虫なので静かに近づく。
- 毒のあるクモもいるのでむやみに触らない。

分類　クモ目コガネグモ科
大きさ　オス5～7㎜　メス25～26㎜
分布　本州～南西諸島
時期　6～8月

コガネグモ

身近なクモの代表、網を張ってじっと獲物を待つ

出合い度 ★★★☆☆

えさとなる昆虫が多くて自然環境が豊かな草原に、初夏に多く出現します。クモのなかでは比較的大型。丸い大きな網にX字状の「かくれ帯」という糸の装飾をつけています。網の中心で頭を下にして、前の2対と後ろの2対をそれぞれそろえ、網にえさがかかるまでじっとしています。えさがかかるとその振動に反応してすばやく獲物に取りつき、糸でぐるぐる巻きにして動けなくしてから中心に持っていって食べます。クモ合戦(→P.192コラム)に使われるクモです。

観察ポイント

オスはとても小さい

網を張るクモはたいていメスのほうがオスより大きく派手です。コガネグモの場合、メスは丸いお腹に黒と黄色の美しい縞模様がありますが、オスは色も地味で茶色一色。またオスはメスの5分の1くらいの大きさしかありません。

メスの左側にいる小さなクモがオス

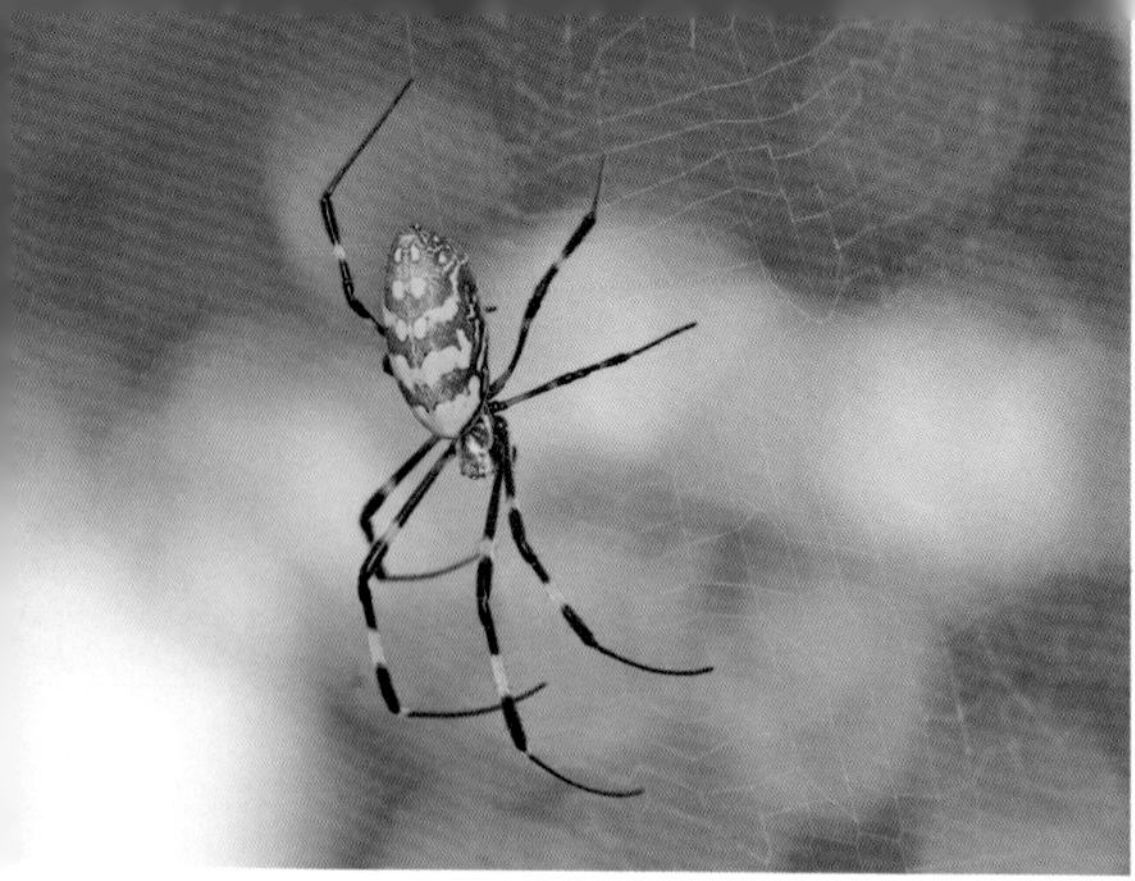

分類	クモ目コガネグモ科
大きさ	オス6～10㎜　メス20～30㎜
分布	本州～南西諸島
時期	8～11月

ジョロウグモ

大きな網を張る黄色と黒の華やかなクモ

出合い度 ★★★★★

町の公園など、身近でよく見られるクモ。夏から秋にかけて、ときに直径1m以上になる大きな網を張るので、夏に突然現れるクモのように感じますが、実際は春に卵からかえって7～8回かけて脱皮を繰り返して大きくなります。網は大きいだけでなく、とても細かいので小さな虫もかかります。大きなセミや狂暴なスズメバチなどがかかっても、自らがもつ毒で動かないようにして、糸でぐるぐる巻きにしたうえで網の中央に運んで食べてしまいます。

コラム

バルーニング

クモにははねがないので自分で好きな場所に飛んでいくことはできません。ただし卵からふ化したばかりの小さなクモは、ちょうど糸が切れた風船（バルーン）が風に運ばれるように、風にのって遠くまで移動します。風に飛ばされやすいように自分で草や木の高いところに上がっていきます。

分類　クモ目コガネグモ科
大きさ　オス15～20㎜　メス20～30㎜
分布　北海道～南西諸島
時期　5～10月

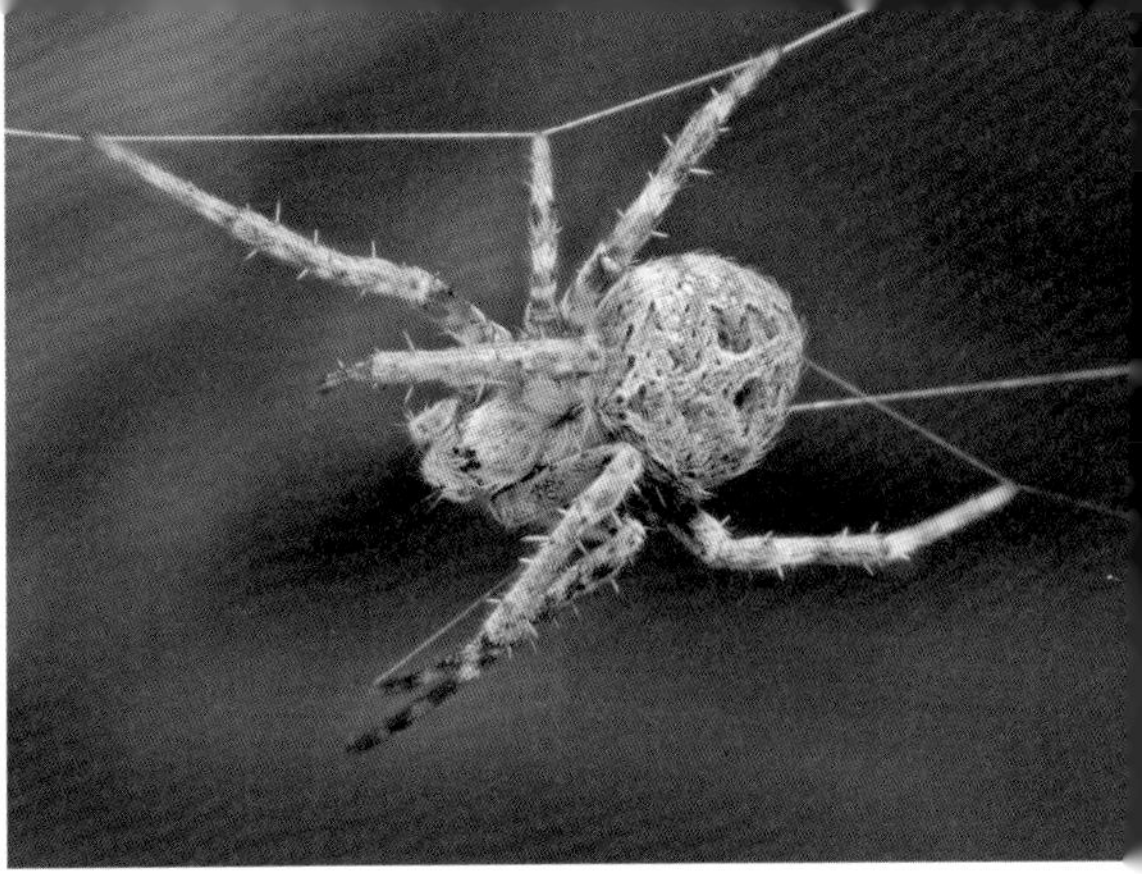

オニグモ

毎日網を張る律義なクモ

出合い度 ★★★☆☆

昼間は木の葉の裏や建物の隙間に潜んでいますが、夕方日が暮れると活動をはじめ、大きな網を張って獲物をとらえます。そして夜が明けるころ、張っていた網を壊しながら食べ、網の張り替えの時に再び糸として再利用します。（個体差があり、網を張りっぱなしのものもいます）。家の周りでよく見られ、黒や褐色の体の大型でとげの生えた脚をもつ姿はかなりの迫力。知らない間に植木の間や通路などに網が張られ、人が絡まることも。2年かけて成体になります。

コラム

クモの糸

クモの網は縦糸と横糸の2種類の糸でできています。放射状に張られた縦糸は網の枠になり網の構造を支えるものです。この縦糸に粘球というねばねばが付いた横糸を張って、獲物をとらえることができる網になります。クモはこの縦糸の上を移動するので、糸に絡むことなくスムーズに動くことができます。

縦と横に糸を張りめぐらせている

分類	クモ目コガネグモ科
大きさ	オス7～8㎜　メス12～14㎜
分布	本州～南西諸島
時期	5～9月

ゴミグモ

出合い度 ★★★★☆

網につけたゴミに紛れてカモフラージュ

　張られたクモの網の中央に、たくさんのゴミがついていたら、それはゴミグモの網です。ゴミは食べかすや脱皮した後の殻などですが、これが縦長に網に張り付いています。ゴミグモはそのゴミの上にいて、よく見ても存在に気付かないほど完璧な擬態になっています。これは天敵である鳥に襲われないための知恵。またこのゴミにはたくさんの卵が入った「卵のう」がついています。卵のうも一見するとゴミにしか見えませんが、こうして大切な卵を守っています。

コラム

クモのまどい

「クモの子を散らす」は、ひとつの場所から大勢が散り散りに逃げていく様を表す言葉です。「まどい」とはクモの子が卵のうから出てきた後、集団で集まっていることをいいますが、何かに驚くと子グモがあちこち逃げ回ります。それから生じた言葉です。散らばったクモは再び集まります。

子グモのまどい

分類	クモ目タナグモ科
大きさ	オス12～14㎜　メス14～17㎜
分布	本州～南西諸島
時期	6～9月

クサグモ

シート状の網で獲物を捕まえる

出合い度 ★★★☆☆

低木や生垣に棚網（たなあみ）といわれるシート状の網を作るのが特徴で、網の奥には糸で作ったトンネルがあり住居にしています。網に粘着性はないですが、網に落ちてきた虫にすばやくかみついて獲物にします。危険が迫るとすぐにトンネルの奥に逃げ込んでしまうので、住居は簡単に見つかりますがクサグモの姿を見るのは難しいかも。秋の終わり、メスはこのトンネル内で卵のうを作り、子グモはこの卵のうの中で冬を過ごし、春に外に出てきます。

コラム

クモの脱皮

カニやエビのように、硬い殻のような体（これを外骨格といいます）をもつ生きものは、成長して大きくなると体が窮屈になります。そのままでは大きくなれないので、脱皮をして新しい外骨格を作ります。クモの体はカニのように硬くはありませんが、クモも大きくなるために何度も脱皮を繰り返します。

脱皮したアリグモ

分類　クモ目ジグモ科
大きさ　オス12～16㎜　メス17～20㎜
分布　北海道～南西諸島
時期　オス6～8月　メス1年中

ジグモ

出合い度 ★★☆☆☆

地面に穴を掘って土のなかに巣を作る

木の根元や建物の壁に沿って10㎝くらいの縦穴を掘り、その穴のなかに糸で袋状の住居を作ります。地上に出ている袋にダンゴムシなど獲物になる虫が触れると、中からすばやく牙を突き立て、袋の中に引きずり込みます。住居に近づく獲物をひたすら待つだけなので、長い間食べ物にありつけないことも。そのため長期間の絶食に耐えることができる忍耐強さがジグモの特徴。クモの寿命は1年以内のものが多いですが、ジグモのメスは4～5年生きることもあります。

観察ポイント

ジグモのえさとり

ジグモの住居である糸でできた細長い袋は、地上に出ている部分が苔や土などで覆われて見えにくくなっていますが、建物の壁沿いにあるものは比較的簡単に見つかります。この袋にアリなどの昆虫をつけると、クモが地上に上ってきて、袋の内側からえさを捕らえる姿が見られます。

地面から出ている管はジグモの住居の一部

分類　クモ目カニグモ科
大きさ　オス3〜4㎜　メス6〜8㎜
分布　北海道〜南西諸島
時期　5〜10月

ハナグモ

背中の模様が人間の顔にも見えることも

出合い度 ★★★★☆

体の色がきれいな黄緑色をしたクモで、雄は成体になると頭は茶褐色、お腹は濃い緑色になります。背中の模様は個体差があり、人の顔のように見えるものもあります。網を張らないクモの代表。かわいらしい姿とは裏腹になかなかのハンターで、葉や花の上で脚を広げてじっと潜んでいて、花に来る昆虫などを狙ってその長い脚で獲物に飛びつき、抱え込んで捕獲します。里山、市街地、公園などで雑草の花を見つけたら探してみましょう。

コラム

網を張らないクモ

糸で網を張り獲物を捕らえるのがクモのイメージですが、このハナグモや次ページのハエトリグモの仲間は、地上を歩き回って獲物を捕まえます。実はたくさんいるクモの半数くらいは網を張りません。このクモの仲間は網を張る代わりに、獲物を待ち伏せしたり、優れた視力をもちすばやく動いて獲物を仕留めたりします。

花の上で昆虫を捕食しているハナグモ

分類	クモ目ハエトリグモ科
大きさ	7～8㎜
分布	北海道～南西諸島
時期	4～9月

ネコハエトリ

出合い度
★★★☆☆

短い脚でぴょんぴょん跳ねる

ハエトリグモの仲間は、名前のとおり素早く飛び回るハエが捕まえられるほど高いハンティング能力の持ち主。このネコハエトリとは不思議な名前ですが、静かにゆっくりと近づき、ジャンプして獲物をとらえる動きがネコ科の動物のハンティングに似ているから、というのが理由とか。花壇の葉っぱの上や林縁の葉の上に見かけます。ぴょんぴょん跳ね回るので捕まえるのは至難の業。オスは全体的に黒っぽく、メスは毛深くて明るい褐色をしています。

コラム

「ホンチ」というクモ合戦

ネコハエトリグモのオス同士を戦わせる昆虫相撲で、神奈川・横浜市ではホンチ、千葉・富津市ではフンチと呼ばれる江戸時代から今に続く遊びです。持ち運びのためと戦いのリングとなる木製の小箱が駄菓子屋で販売されたことから広まり、2019年に横浜の「ホンチ」は、横浜市登録地域無形民俗文化財に登録されました。

富津の八坂神社で行われているフンチ

分類	クモ目ハエトリグモ科
大きさ	オス5〜6㎜　メス7〜8㎜
分布	本州〜南西諸島
時期	6〜7月

アリグモ

体の形も動作もアリそっくり

出合い度 ★★★☆☆

ミカンなどの広葉樹の葉の上で多くみられ、オスは長い上あごをもっています。アリグモはハエトリグモの仲間ですが、アリにそっくり。多くの生き物にとって天敵であるアリに似せることで、攻撃されにくくなるというメリットがある反面、細長くてくびれた体型になることで跳躍力や俊敏性が低下するというデメリットもあります。歩き方もそっくりなので見分けるのが難しいかもしれませんが、葉から飛び降りる時は糸を出すなど、たまにクモらしい動きをみせることもあります。

観察ポイント

8本を6本に見せる

いくら体の形や色が似ていても、昆虫は脚が6本、それに対してクモは8本。さらに昆虫には触角がありますが、クモにはありません。アリグモは前脚1対を上げて、まるでアリの触角のように動かすので、脚が6本で頭に触角があるように見えるのです。

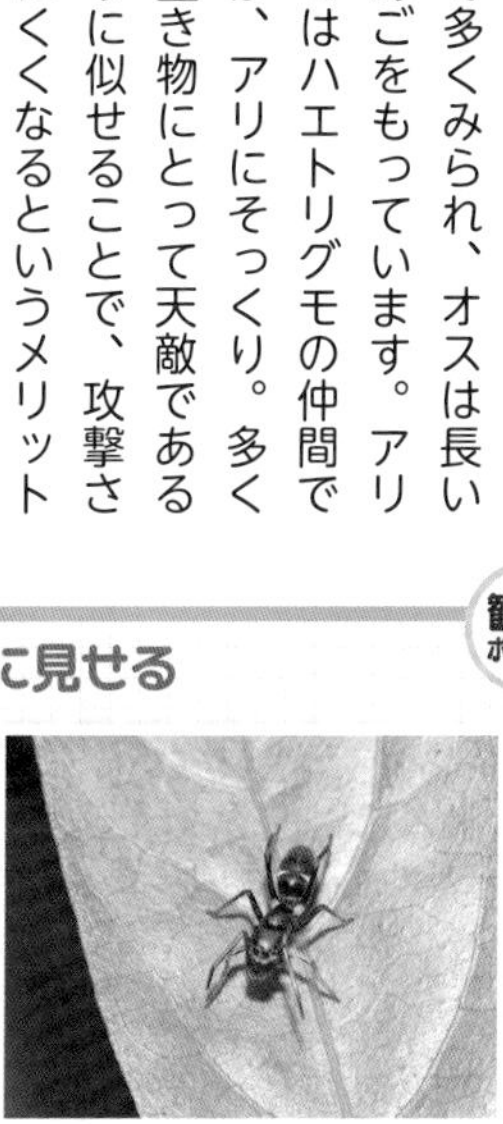

一見アリのようだが顔には大きな単眼が

そのほかの小さな生きもの

家の周りには昆虫やクモ以外にもたくさんの生きものが見られます。種類も形も生態もさまざま。嫌われるものもいますが、人気者や役に立つ生きものも。多くは湿気のある地面で観察できます。

どこにいる？

- 家の周りで湿気のあるところ。
- 大きな石の下。
- 枯葉や朽木の下。
- 花壇や生垣、ブロック塀の上。

気を付けよう！

- ひっくり返した石などは元通りにしておく。
- かみつく生きものもいるので注意。
- 寄生虫がいることもあるのでカタツムリなどを触った後はよく手を洗う。

分類　ナガミミズ目フトミミズ科
大きさ　10～20㎝（種により個体差が大きい）
分布　北海道～南西諸島
時期　3～11月

ミミズ（フトミミズ）

体のほとんどが腸でできている

出合い度 ★★★★☆

ひも状のミミズは体の大部分が腸になっています。ゴム管のような細長い体は多くの輪がつながったようにできていて、その表面には硬くて短い毛がたくさん生えています。足がないので、この毛を滑り止めのように使って移動します。日本で多く見られるのはフトミミズの仲間で500種類以上いるとされています。生息場所は落葉の下や湿った土の中など。地中深くにいるものは普段あまり見られませんが、降雨後に地上に出てくるので、その時が狙い目です。

コラム

土を改良するミミズのパワー

田畑で粒々した土の集まりを見かけることがありますが、これはミミズのふん。土の中を移動しながら土を食べて、腸で消化分解しふんとして出します。土に含まれる微生物や有機物などを良質な堆肥に変え、土の通気性をよくしていきます。肥えた土では作物がよく育つので、農家にとってありがたい存在です。

土からでてきたミミズ

分類	有肺目オナジマイマイ科
大きさ	30～45㎜
分布	本州
時期	4～10月

ミスジマイマイ

「カタツムリ」や「でんでん虫」で知られる

出合い度 ★★★★☆

淡い黄白色の殻を持ち、褐色の帯が3本あることが名前の由来。一般的に「カタツムリ」と呼ばれている生きものです。樹上で暮らしていて、木の葉や草、コケ、野菜などを食べます。乾燥と低温が苦手。逆に梅雨時の高温多湿の日には、アジサイの葉や塀の上を歩いています。日本には約700種ものカタツムリがいて、ミスジマイマイは最も普通に見られる種類です。殻をつくるカルシウムをとるために、コンクリートの塀の上にいるのをよく見かけます。

コラム

触るときには気をつけて

ゆっくり動くカタツムリはすぐに捕まえたり触ったりできますが、触った後は必ず石けんで手を洗いましょう。カタツムリには寄生虫がついていることがあります。目に見えない寄生虫は、カタツムリの表面や、通ったあとに残される粘液のなかにいることも。カタツムリを触った手で口や目を触らないように。

触った後は必ず石けんで手を洗う

分類　有肺目オナジマイマイ科
大きさ　30～45㎜
分布　本州
時期　5～10月

ヒダリマキマイマイ

実は珍しい左巻きのカタツムリ

出合い度 ★★★☆☆

殻のとがったほうを上に向けて、殻の入口が右側にあれば右巻き、左側にあれば左巻き。カタツムリを含め、巻貝の9割は右巻きといわれています。日本には殻が左巻きのカタツムリは5種類しかおらず、そのなかで殻に1本の黒い線が入ったヒダリマキマイマイが一番よく見られる種類です。雑木林などの湿った場所を好み、おもに枯れ葉やキノコ、人工物の表面についたコケなどを食べます。夏は暑さのため日中は活動せず、殻の入口に薄い膜を張り中に引きこもって休んでいます。

コラム

ヘビと左巻きの関係

右巻きが多いなか、なぜ左巻きのカタツムリは生き残れたのでしょう。これにはヘビが関係するという説があります。石垣島ではカタツムリをえさにするヘビは、右巻きのカタツムリを食べやすいように歯の構造を進化させました。そのため左巻きのカタツムリは襲われにくく生き残れたのではといわれています。

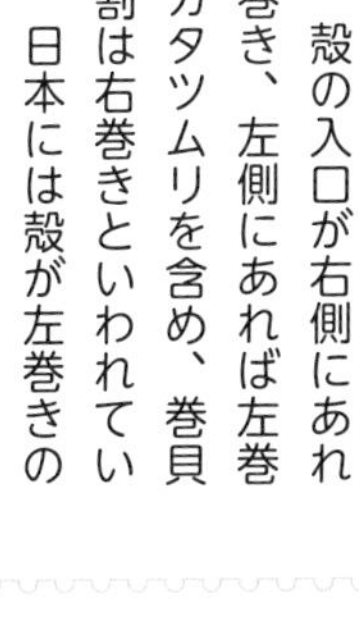

分類　有肺目ナメクジ科
大きさ　40〜50㎜
分布　北海道〜南西諸島
時期　通年

ナメクジ

出合い度
★★★☆☆

陸地に住む、殻のない巻貝の仲間

カタツムリに近い仲間で、殻をもたないカタツムリといえます。ヌルヌルした見た目は、体を乾燥からふせぐために常に粘液を出しているから。梅雨時になると、どこからともなくあらわれ、夜行性なので昼間は植木鉢の底など湿気の多い場所に潜んでいます。おろし金のような舌で、植物を削り取るようにして食べます。農作物にも大きな被害を及ぼす害虫で、駆除の対象です。現在日本で最も多く見られるのは、外来種のチャコウラナメクジで、都市部を含め全国に分布しています。

コラム

人よりも水分が多いナメクジ

人の体は約60％が水分ですがナメクジは体の90％が水分です。一番簡単な駆除方法は塩をかけること。塩の浸透圧により体からどんどん水分がぬけて体が縮んで動けなくなります。消えてなくなることはありませんが、縮んだまま死んでしまうこともあります。

分類　ムカデ綱の総称
大きさ　80～130㎜（種による）
分布　北海道～南西諸島
時期　4～10月

ムカデ

たくさんの脚がある虫の代表

出合い度
★★★☆☆

漢字で「百足」と書きますが、脚の数は種類で異なり多くて46本（23対）。ただ少数ですが100本以上の脚をもつ種類もいます。日本国内には100種類以上生息し、大きさや色もさまざまです。温かい湿気のあるところを好み、梅雨の時期によく見かけますが、夜行性なので昼間は落ち葉の下や植木鉢の下などに隠れています。身を守るために毒がありますが、めったに人を襲うことはありません。肉食性で、動くコオロギやクモ、ミミズやゴキブリなどを捕まえて食べます。

コラム

ムカデはハーブが嫌い

ムカデはハッカやローズマリーなどのハーブの香りが苦手です。避けたい人は庭先にハーブを植えたり、ハーブの香料を使ったりして、家への侵入を防ぎます。乾燥したところも嫌いなので浴室や台所など、水回りは常に乾燥させせることを心掛けましょう。

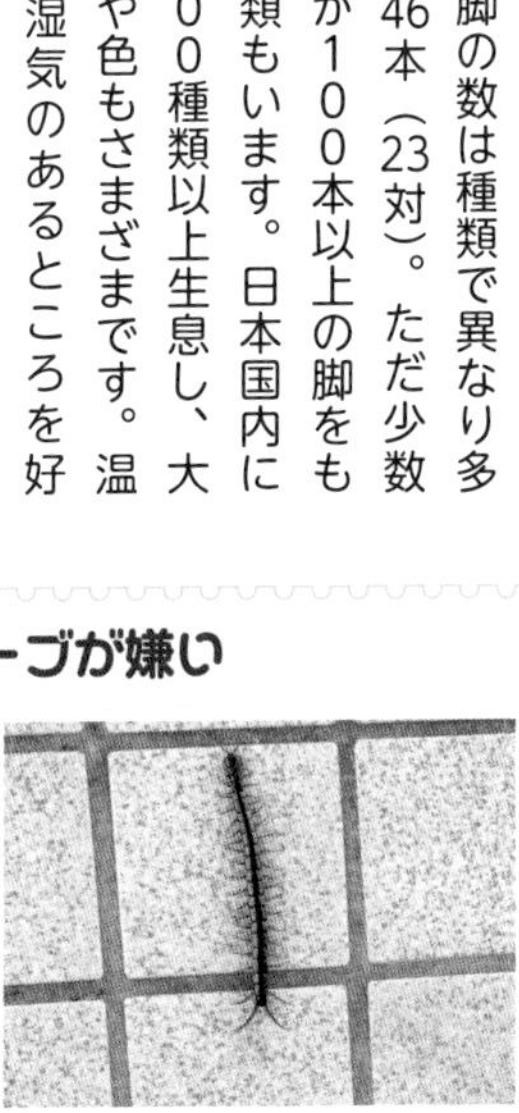

玄関に入ってきたムカデ

分類　ヤスデ綱の総称
大きさ　20～80㎜（種による）
分布　北海道～南西諸島
時期　4～10月

ヤスデ

集団で家に忍び込む厄介者もいる

出合い度
★★★☆☆

じめじめした環境を好むので、活動の多くは高温多湿の6～7月で、寒冷地や冬に見かけることはあまりありません。日本には200種以上のヤスデがいます。見た目から害虫とも思われがちですが毒はありません。よく間違われるムカデはひとつの体節に1対の脚がありますが、ヤスデは2対の脚があります。またムカデと違って噛むことはなく、臭い匂いを放って敵を攻撃します。さわると輪のように丸まり、その姿はなかなかかわいらしいです。

コラム

嫌われ者はごく一部

人が暮らしている場所の近くにいるヤスデはほんの一部。多くは森の土の上にいます。これらのヤスデは枯葉や腐った木などを食べて、体内で分解し栄養のあるふんを排出します。このふんが森の土を豊かにして植物の生育を助けます。ヤスデは自然界の物質循環で重要な役割をになっているのです。

森では生態系の一部になっているヤスデ

分類 ワラジムシ目オカダンゴムシ科
大きさ 10～14㎜
分布 北海道～南西諸島
時期 通年

オカダンゴムシ

触ると丸まるかわいい人気者

出合い度 ★★★★★

エビやカニと同じ甲殻類の仲間です。指でつつくと丸まる姿が子どもにも人気。丸くなるのは体を守るためで、歩くのが遅く、毒や鋭いハサミなどをもたないダンゴムシの生きる知恵です。外からの刺激だけでなく、乾燥や寒さから体を守るためにも丸くなります。ダンゴムシは卵胎生。卵から生まれず、春の終わりにメスのおなかの中でふ化し、幼虫として生まれます。幼虫は脱皮を繰り返し1年以上かけて成虫になります。寿命は3年程度。落ち葉を食べ分解し土にします。

観察ポイント

脚の数を数えてみよう

小さな生きものにはたくさんの脚をもつものがいます。ダンゴムシとワラジムシはそれぞれ14本の脚をもち、多足類に分類されるムカデは42本のものが多くなかには354本の脚をもつものも。ヤスデはさらに多くて、750本の脚を持つメスがアメリカで発見されています。

裏返して虫メガネで見てみよう

分類 ワラジムシ目ワラジムシ科
大きさ 10～14㎜
分布 北海道～南西諸島
時期 通年

ワラジムシ

ダンゴムシに似ているけれど丸まらない

出合い度 ★★★★★

エビやカニなどと同じ甲殻類で、一見ダンゴムシにそっくりですが、殻が柔らかく体は平たい形をしていて、丸まることはありません。外からの刺激に対して、ダンゴムシは丸まって防御、ワラジムシは素早く動いて逃げ出します。乾燥に弱く湿った場所を好み、庭や公園の石や木の下などを住みかにしています。生息環境や生態はダンゴムシとほとんど同じ。人に害をおよぼすことはなく、落ち葉や動物の死がいを分解して、豊かな土壌を作ってくれます。

コラム

ワラジムシの不思議な習性

ダンゴムシとワラジムシには動きに独特な習性があります。右に曲がったあとは左、左に曲がったあとは右、というように曲がる向きを変えてジグザグに動くのです。ダンゴムシを捕まえたら、左右交互に曲がる迷路で歩かせてみましょう。スタートからゴールまで無事にたどり着く様子が観察できます。

生きもの観察を楽しむ

危険な昆虫・虫にご用心！

理由もなく人を襲う昆虫や虫はいませんが、自分の身、あるいは自分の巣を守るための行動や手段が、人に害を与えます。本書に掲載している昆虫のなかにも危険なものがいます。ただ、近づいたり、触ったりしなければ問題ないことがほとんど。そのことを頭に入れて観察をしましょう。

本書掲載の危険な昆虫と虫（掲載順）

チャドクガ
危険度
風で飛散した毒針に触れても炎症を起こす。
→ P.89
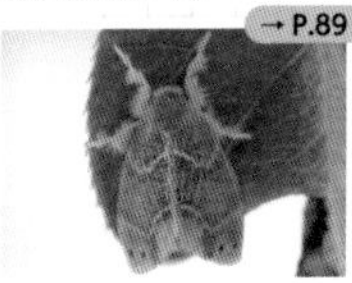

ヒロヘリアオイラガの幼虫
危険度
毒針が刺さると、折れて毒が体に入る。
→ P.91
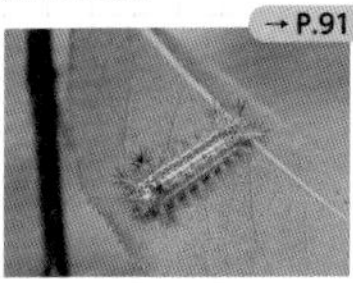

キイロスズメバチ
危険度
軒下など、家の周りに巣を作ることが多い。
→ P.92

フタモンアシナガバチ
危険度
おとなしいハチ。巣に近づかなければ問題なし。
→ P.93

ウシアブ
危険度
家畜や人の血を吸う。向こうからやって来るので厄介。
→ P.126

セイヨウミツバチ
危険度
巣に危害を加えなければ問題なし。
→ P.128
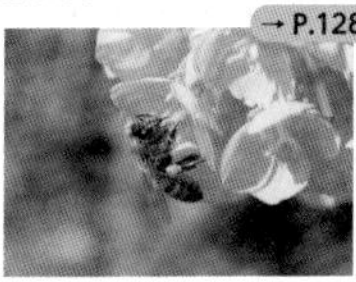

オオスズメバチ
危険度
日本のハチで最も毒が強く攻撃性が高いハチ。
→ P.145

ヨコヅナサシガメ
危険度
手を出さなければ刺されることはない。
→ P.146

ムカデ
危険度
毒があり、見た目は怖いけれどおとなしい虫。
→ P.199

もしスズメバチに遭遇したら

スズメバチの攻撃は巣を守るため。とにかく巣に近づかないこと。手で追い払ったりすると、刺激して刺されることがあるので、静かに後ろに下がる。巣からある程度の距離が離れれば攻撃してくることはありません。

生きもの観察を楽しむ

昆虫を捕まえてみよう！

身近にあるもので仕掛けを作って、昆虫を捕まえてみましょう。

落とし穴トラップ

オサムシやシデムシ、センチコガネなど地上をはいまわる昆虫を捕まえることができます。

● 用意するもの ●

- **プラスチックのコップ**
- **シャベル**
- **とうがらしの粉**
- **魚肉ソーセージ**

えさは魚肉ソーセージのほか、乳酸菌飲料、酢などでも OK。タヌキなどにトラップを持っていかれないように、えさにとうがらしの粉を加えます。

● 仕掛け方 ●

雨水がたまらないように、コップの底から 1cm のところに穴をあけ、えさととうがらしの粉を入れる。落ち葉が多い林の地面に穴を掘り、コップのふちと地面が同じ高さになるように埋める。

バナナトラップ

バナナを使ってカブトムシやクワガタなどをおびき寄せます。

● 用意するもの ●

- **バナナ**
- **古いストッキング**
- **焼酎**
- **密閉保存容器**

バナナを焼酎に浸して発酵させます。昆虫がお酒の匂いに寄って来る習性を利用します。

● 仕掛け方 ●

バナナを皮のまま 1cm 程度の輪切りにして、焼酎の入った密閉容器に入れ、一晩寝かせる。バナナをストッキングに入れて、クヌギやコナラなどの樹木の枝や幹に吊るす。

バッタ釣り

トノサマバッタのオスはメスを見つけると、メスの背中に飛び乗ります。この習性を利用して、メスに見立てた棒きれにオスをおびき寄せて捕まえます。

● 用意するもの ●

・さお
・糸（長さ約 1m）
・黒い棒きれ（長さ約 7 ～ 8㎝）
・虫取り網

棒きれは黒色のほか、緑色などでも大丈夫ですが、白色はバッタが反応しません。糸の先にさまざまなものをつなげて試してみましょう。

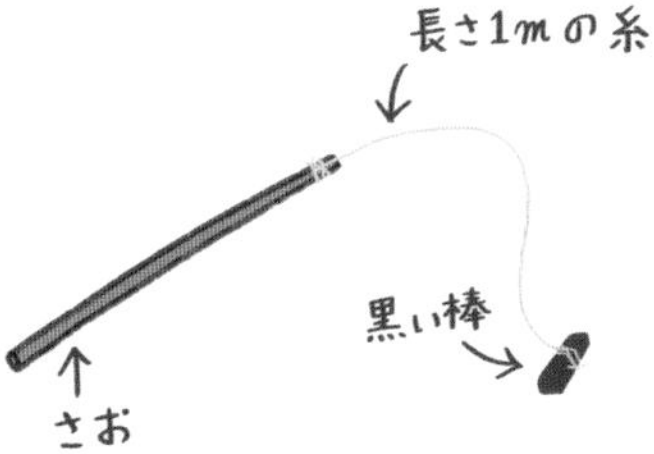

● 釣りをする場所 ●

日当たりの良い広い草原や河川敷、空き地など

● バッタ釣りの方法 ●

竿につけた糸の先に黒い棒きれを結びつけ、トノサマバッタを見つけたら、目の前に糸につないだ繋がった棒きれを落とす。バッタが棒きれに乗ったら、網で捕まえる。

生きもの観察を楽しむ

夜の森を探検してみよう！

昼間とはがらりと雰囲気が変わる夜の森。夜行性の生きものの暮らしをそっと覗いてみましょう。

何が見られる？

セミの羽化

セミが羽化する姿はとても神秘的。夕方から夜にかけて、土から出てきた幼虫が木や草に登り羽化します。地上に出てくる時に小さな穴ができるので、この穴が多い木のまわりを探してみましょう。

樹液に集まる昆虫

昆虫たちが群がる木の樹液は、通称「昆虫酒場（→ P.135）」と呼ばれ、時間帯によってさまざまな昆虫が集まります。カブトムシやクワガタが見つかりやすいのは、クヌギやコナラなどの木の樹液です。

ライトトラップ

夜行性の昆虫は紫外線に反応するので、蛍光灯など紫外線を含む光に集まってきます。「ライトトラップ」はこの習性を利用して虫をおびき寄せ、捕獲する方法です。集まる虫はガ、クワガタ、カメムシ、カミキリなどさまざま。

● 設置条件 ●

雨が降っておらず、曇っていて薄暗い日がよいでしょう。昆虫が湿気を好むので、蒸し暑い夜がベストです。20時と22時によく虫が集まってきます。

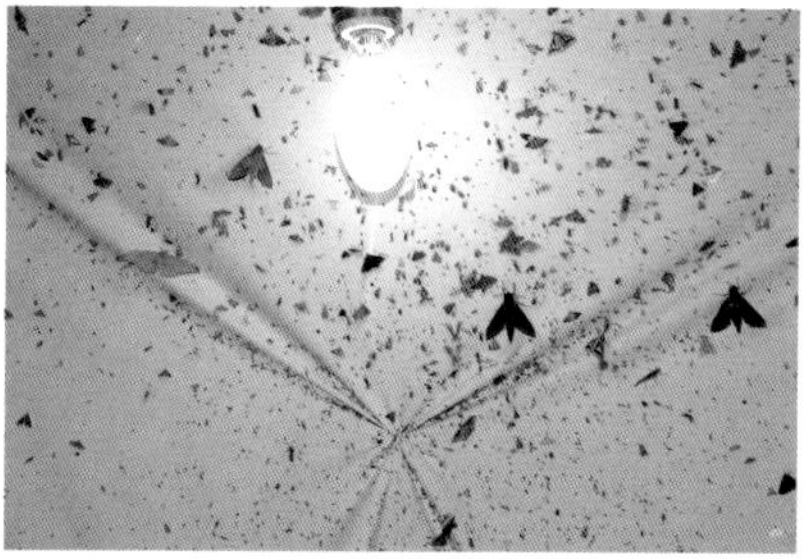

● 設置方法 ●

① 木と木の間にロープを張る。
② 張ったロープの上に白いシーツや布をかける。
③ 懐中電灯や車のヘッドライトなどを白い布にあてる。

気をつけよう

- LEDのライトには虫は集まりません。
- 仕掛けたトラップやゴミなどは必ず持ち帰ろう。
- 暗い森の中で迷子にならないように気をつけよう。
- スズメバチなどの危険な生きものに気をつけよう。

生きもの観察を楽しむ

昆虫の観察に行こう！

楽しく安全に昆虫観察をするために、服装や持ち物を事前に確認しておきましょう。

服装

とげのある植物やウルシ、昆虫の毒や虫刺されから肌を守るために長袖、長ズボンがおすすめです。帽子は熱中症予防のほか、頭部を隠すことで害虫対策にもなります。スズメバチ対策として、全体的に明るい色を選びます。

靴は動きやすいもの。サンダルはケガしやすいので避けましょう。手袋もあるといいでしょう。

あると便利なもの

虫めがね

小さな虫を拡大して観察するのに便利。

虫取り網

草むらや木の上にいる昆虫を採集する時にあると便利です。水切りネットと針金で簡単に作ることができます。

懐中電灯

夜間の観察ややぶの中を照らすのに役立ちます。

虫かご

捕まえた虫を持って帰るのに使います。ペットボトルやビニール袋も代用品になります。

カメラやスマホ

写真を撮っておけば後で詳しく調べることができます。スマホをかざすだけで、昆虫や虫の種類を特定できるアプリも。

応急処置セット

消毒薬やばんそうこう、虫刺され薬など。

さんぽで出合える
ほ乳類とは虫類

日没後、わずかに明るさが残る
夜空を見上げると
ジグザグに飛ぶコウモリの姿があります。
トカゲやカメなど、
よく目にする動物のほかに、
私たちのすぐそばには、
気づいていないけれど
野生のほ乳類やは虫類がたくさんいます。

ほ乳類

野生のほ乳類は、実は私たちの身近にいます。でもコウモリも、タヌキも、ノウサギもみんな夜行性の動物で、アズマモグラが暮らすのは土の中。なかなか昼間に見かけることがないのです。

どこにいる？

- アブラコウモリは
夕方の夜空でよく見られる。
- タヌキは大きな公園や
墓地の周辺に出没。
- ノウサギは昼間、草むらや
やぶの中にひそんでいる。
- アズマモグラは草原や畑。

気を付けよう！

- 夜はひとりで出歩かない。
- 私有地に無断で入らない。
- 畑に立ち入らない。

分類 コウモリ目ヒナコウモリ科
大きさ 4～6㎝
分布 本州～南西諸島
時期 3～11月

アブラコウモリ

日没後の空を飛ぶのは鳥ではなくコウモリ

出合い度 ★★★☆☆

コウモリはもっとも身近な野生のほ乳類です。冬眠の期間を除く春から秋、街中で日没後の空を見上げるとかなりの確率でジグザグに飛ぶ姿が見られます。不気味な動物という印象がありますが、日本では幸運の象徴として「幸守り」と書いたことも。わずかな隙間でも出入りでき、日本に生息するコウモリのなかで唯一人家に住みつきます。民家の屋根裏や戸袋、換気口の隙間などに住み、イエコウモリとも呼ばれています。都心部では鉄道や橋の高架下、倉庫などにも住んでいます。

コラム

アブラコウモリは益獣

人家に住みついてしまうため、そのふん害や臭いにより駆除の対象動物になっていますが、基本的には力をはじめ、人間に害をおよぼす害虫を大量に食べてくれます。ヒートアイランド現象で気温が高い都心部では、年々個体数を増やしています。

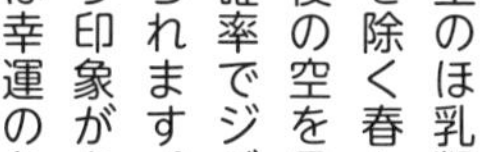

民家の網戸にぶら下がるアブラコウモリ

分類	食肉目イヌ科
大きさ	50～80㎝
分布	北海道～南西諸島
時期	通年

タヌキ

出合い度 ★★★★★

昔話にも登場するなじみのある野生動物

アニメ、昔話、童謡などでなじみのあるタヌキは身近にいるほ乳類。水辺に近い里山での生活を好みますが、近年は宅地開発などで、住みかの山林が少なくなり、郊外の住宅地まで生活圏が広がっています。雑食で植物のほか、昆虫、両生類、魚類なども食べます。時には畑の農作物やゴミ箱をあさったりすることも。夜行性でとても慎重で臆病者。大きな音を出すとびっくりして、気絶してしまうこともあるそうです。見かけたら静かに近寄ってみましょう。

コラム

実はスリムなタヌキ

おなかがぷっくり膨れたずんぐり姿がかわいらしいタヌキ。このイメージは、秋になると冬に備えて脂肪を蓄え体重を50%近く増やすためです。さらに長い冬毛がかぶさると確かに太って見えますね。でも、脂肪がなくなった夏毛のタヌキは意外とすっきりしています。見かけより足も尻尾も長いのがわかります。

スリムに見える夏のタヌキ

分類	ウサギ目ウサギ科
大きさ	43～54㎝
分布	本州～九州
時期	4～10月

ノウサギ

出合い度 ★★☆☆☆

かわいいけれど実は厄介な動物

ノウサギは日本に住む固有種で、褐色の体毛に覆われています（一部積雪地帯にいるものは冬は白い毛にかわる）。山地から平地と広い範囲で生活し、昼間は木の根元や草むらなどで休んでいますが、夜になると活発に活動を始めます。天敵はキツネ、イタチ、ワシなど。警戒心が強く、逃げ足も速いことも特徴です。昔から食用や毛皮に利用され、絶滅危惧種に入っている地域もありますが、農作物や樹木の若芽を食べたりするので、害獣として狩猟対象の動物にもなっています。

観察ポイント

畑に残っている足跡を観察

ノウサギは発達した大きな後ろ足でけり出して前足で着地します。ちょうど私たちが跳び箱を飛ぶような姿勢で走ります。新雪の上や土をおこしたばかりの畑で足跡を見かけるので、たどってみましょう。途中で立ち止まったり、休憩したあとが見つけられます。

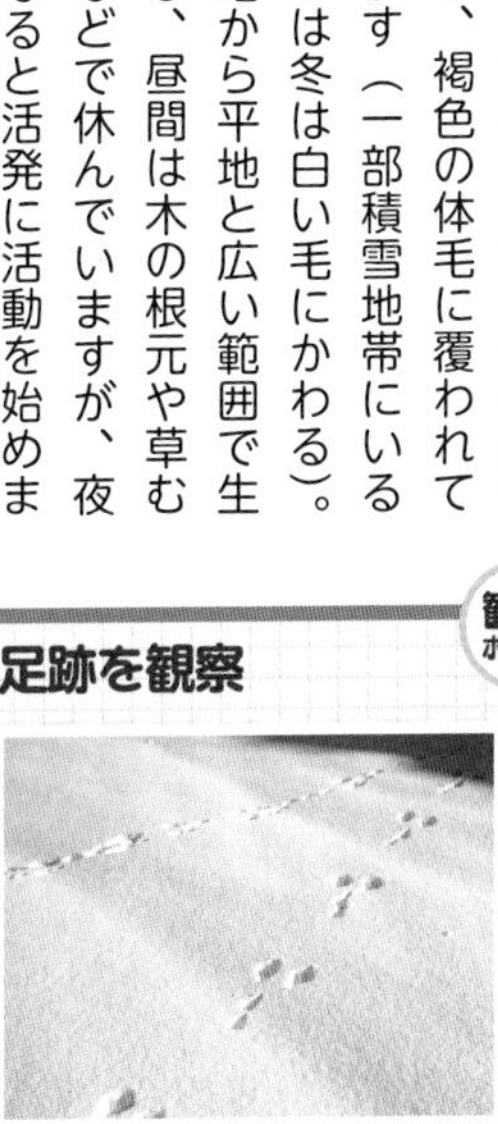
雪の上に残されたノウサギの足跡

分類	食虫目モグラ科
大きさ	12～16㎝
分布	本州
時期	通年

アズマモグラ

出合い度 ★☆☆☆☆

遭遇率は低いけれど、跡はたどれる

姿は見えないけれどモグラも身近なほ乳類。アズマモグラはおもに北海道を除く東日本に生息しています（西日本に生息するのはコウベモグラ）。地中に直径4㎝ほどのトンネルを掘って、そこにえさをためておくスペースや寝床、トイレなど、たくさんの部屋を作って暮らしています。このトンネルに入ってくるミミズや虫がおもな食物。基本的に単独で生活しています。姿を見ることはあまりありませんが、畑や田んぼのあぜ道などにある「モグラ塚」でその存在を知ることができます。

観察ポイント

モグラ塚を観察してみよう

モグラが土の中を移動するとき、浅い部分を進むと地面が盛り上がったり、ひびが入ったりします。またトンネルを掘った時に出た土が、地上で山のようになっていることがあります。これを「モグラ塚」といい、モグラの行動を知る手がかりになります。

芝生の上に点々と連なるモグラ塚

は虫類

トカゲは昼間、ヤモリは夜、家の周りで見られるは虫類。公園の池に行けば、野生化したカメの姿を目にするでしょう。あまり出合いたくない人もいるかもしれませんが、ヘビも身近なは虫類です。

どこにいる？

- トカゲは庭の花壇など、
  ヤモリは夜の街灯の近くに。
- カメが多く見られるのは人工の池。
- ヘビは湿地を好む。

気を付けよう！

- 道路でトカゲを探さない。
- 水辺では足元に注意。
- ヘビを見つけても
  いたずらをしない。

分類　カメ目ヌマガメ科
大きさ　18～30㎝
分布　北海道～南西諸島
時期　4～10月

ミシシッピアカミミガメ

出合い度
★★★★★

通称「ミドリガメ」は実は外来種

名前が示す通り、アメリカのおもにミシシッピ川流域に生息するカメ。ペット用として輸入されて、縁日などで「ミドリガメ」として売られていたのはこのカメの子ども。成長すると甲羅が約30㎝にもなります。頭のわきに赤い斑紋があるのが特徴です。飼育できなくなって川などに捨てられたカメが野生化し、環境に大きな影響をおよぼしています。飼い始めたら、最後まで責任を持ちましょう。雑食性で海藻や水草、ザリガニやエビ、魚類などを食べます。

コラム

カメの甲羅も脱皮する!?

ヘビやトカゲと同じように、カメも甲羅を脱皮します。頻度は決まっていませんが、甲羅を脱ぐというよりは、古い甲羅をはがしていきます。数週間かけて古い甲羅をはがすと、その下には黒っぽいつやのある新しい甲羅が現れます。カメの甲羅干しは、紫外線を浴び、甲羅の成長や脱皮をうまくするために行います。

脱皮した古い甲羅はこんな感じ

分類	カメ目イシガメ科
大きさ	オス15～25㎝　メス20～30㎝
分布	北海道～南西諸島
時期	4～11月

クサガメ

危険が迫ると、臭い液体を出す

出合い度 ★★★★☆

流れの緩い川や沼地に住み、雑食で虫や小魚などをえさにしています。日光浴が好きで甲羅干しをしている姿がよく見られます。「クサガメ」の名前は、刺激を受けると強烈な悪臭を放つことから「臭いカメ」と呼ばれ、「クサガメ」になったそうです。ペットとして飼育されていることも多く、人にとてもなつきやすい種類です。ただカメは長寿。飼育環境によりますが、なかには30年以上生きて、大きさが30㎝になるものもいます。安易に飼うのはやめましょう。

観察ポイント

甲羅にくっきり隆起が見られる

カメの甲羅は一見すると同じように見えますが、種類によって特徴があります。大人のクサガメの甲羅にはキールと呼ばれる隆起が縦に3本並んでいます。特に甲羅の真ん中に走るのが特徴といわれ、他と見分けが付きやすい種類です。年とともに色は黒くなっていきますが、若いうちは甲羅の溝が黄色になっています。

甲羅の真ん中が特に盛り上がっているのがわかる

分類 カメ目イシガメ科
大きさ オス8～13㎝ メス13～20㎝
分布 本州～九州
時期 4～11月

イシガメ

出合い度
★☆☆☆☆

オレンジの美しい甲羅が特徴

石のように硬い甲羅を持っていることから「イシガメ」と名付けられました。輸入種にも「〇〇イシガメ」と呼ばれる種類もいることから、現在は「ニホンイシガメ」と呼ばれることもあります。名前の通り、日本の固有種で、関東地方を北限に河川や公園などの池で見ることができます。クリッとした目の優しい顔つきで、オスは淡いオレンジの美しい甲羅を持っています。「ゼニガメ」はイシガメの子どもを指し、形が昔のお金（銭）のように見えたのでこの愛称がつきました。

コラム

実は泳ぐのが苦手

イシガメは陸と水中の両方を移動します。朝、水から上がって日光浴をしてから陸上で活動します。臆病な性格で、敵が近づいてきたらすぐに逃げられるよう、特に子どもは水辺付近を離れません。ただ泳ぎは得意ではなく、水深の浅い水辺に住みついています。

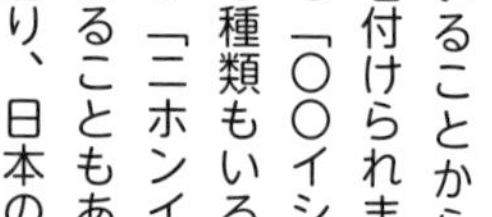

水の中を歩く若いイシガメ

分類　有鱗目ナミヘビ科
大きさ　110〜220㎝
分布　北海道〜南西諸島
時期　5〜10月

アオダイショウ

人の近くに住む本土では最大のヘビ

出合い度 ★★★★☆

沖縄県に生息するものを除くと、本土で最大のヘビ。山地から平野のいろいろなところで見られますが、市街地の公園や神社、民家の庭などでよく見られ、人が住む空間と生息域が重なっています。特に冬眠から覚めた4月、繁殖期の6月は遭遇しやすい時期です。昼間に活動し、人をあまり恐れないので、目の前に急に現れることがあります。毒はありませんが、威嚇してかまれることも。アオダイショウの変異種であるシロヘビは、神の使いとして信仰の対象になっています。

観察ポイント

ヘビの脱皮を観察してみよう

ヘビにとって脱皮は健康のバロメーター。人間の皮膚が新陳代謝をするのと同じように、古い皮膚から新しい皮膚に入れ替えるために脱皮をします。よく見ると脱皮した殻は裏返しになっています。背中とお腹でうろこの模様が違うので観察してみましょう。

脱皮した殻

分類	有鱗目ナミヘビ科
大きさ	90～150㎝
分布	北海道～南西諸島
時期	4～10月

シマヘビ

出合い度 ★★★☆☆

環境の変化で生息域が減少

体に4本の黒い縦じま模様が入ることから「シマ(縞)へビ」と呼ばれています。アオダイショウ(→P.219)と同じ日本の固有種で、身近なヘビです。木に登ることを好まず、地表をはって進みます。おもにカエル、トカゲなど両生類やは虫類をえさとしているので、農村をはじめ、水田や水辺の近くでよく見られます。毒はなく、何もしなければ攻撃を受けることはありませんが、脅かしたり危険を感じたりすると、尾を激しく震わせてかまれることも。

コラム

生息範囲が減少

かつては日本中どこでも見られたシマヘビですが、生息場所に道路や塀などが造られるとそれを越えることができず生息地が狭められてしまいます。また、地をはって移動するため交通事故に遭いやすくなっています。宅地化や市街地化で近年生息数が少なくなり、要注意種に指定している自治体もあります。

道路を横断中に車にひかれてしまうシマヘビもいる

分類	有鱗目ナミヘビ科
大きさ	80～150㎝
分布	本州～南西諸島
時期	4～11月

ヤマカガシ

おとなしいけれど毒を持つので注意

出合い度 ★★★★☆

「カガシ」とは昔の言葉で「ヘビ」のこと。名前から山に住んでいると思いきや、水田や河川敷などの水辺を好みます。目がクリッとして、かわいらしい顔立ちです。おもにカエルをえさにしています。ほかのヘビは襲わない強い毒があるヒキガエルも食べてしまい、食べたヒキガエルの毒を体に蓄えて、自分の毒として使います。毒は上あごの奥の牙から出るため、一瞬かまれただけでは毒が回らないこともありますが、注意しましょう。

観察ポイント

遠目からもわかる独特のうろこ

ヤマカガシの一番の特徴はキールと呼ばれるうろこです。キールとはうろこ１枚１枚にある盛り上がりのことで、ヤマカガシはこのキールが特に強く、一説では水辺に生息していることから、泳ぎのために発達したのではないかといわれています。遠目から見ても、うろこのザラザラした感じがよくわかります。

ヤマカガシ

分類	有鱗目クサリヘビ科
大きさ	45～65㎝
分布	北海道～南西諸島
時期	4～11月

マムシ

出合い度 ★★☆☆☆

頭が三角形のずんぐりしたヘビ

森林ややぶの中に住み、ときには田畑や草むらでも見かけるヘビです。体はそれほど長くないですが胴が太く、上から見ると頭が三角形に見えるのが特徴です。基本は夜行性ですが、日光浴をするため日中出てくることもあります。

危険が迫ると尾を震わせて威嚇します。昔から日本で毒ヘビといえばマムシを指すことが多く、人が近づいてもじっとしているので、その存在に気がつかずに踏みつけてかまれてしまう事故がまれに発生します。

コラム

マムシにかまれたら…

万が一マムシにかまれたら、まずは119番で救急車を呼びます。救急車を待っている間は、毒の回りを遅くするために傷口より心臓側を布で軽く縛ります。そして傷口から血を絞りだすように毒を出します。水があれば水で洗いながら行うといいでしょう。かまれて6時間以内に血清を打てば、比較的軽症で済むようです。

こんな看板を見たら足元に注意

分類	有鱗目トカゲ科
大きさ	20～25㎝
分布	北海道～本州東部
時期	4～10月

ヒガシニホントカゲ

出合い度 ★★★☆☆

子どもと大人では体の色が違う

東日本から北海道にかけて見られ、長い間ニホントカゲとされてきましたが、近年の研究で西日本に生息するものとは別の種類であることが判明しました。平野部から山地、川沿いなどいろいろな環境に適応し、特に小石の多い場所や石垣などに住みついています。子どもは皮ふに5本の明るい縦じまが入り、しっぽの方はメタリックな青色をしていますが、大人になると皮ふが褐色になり、黒っぽい縦じまに変わります。ほかのトカゲと同じように、危険が迫ると尾を切って逃げのびます。

コラム

勝手に切れる「しっぽ」

危険が迫ったときトカゲが自分のしっぽを切ることを自切（じせつ）といいます。これは切ろうと思って切っているのではなく、しっぽが刺激を受けると勝手に切れてしまうのです。しっぽは切れてもまた生えてきますが、たいていは前より小さく、色も違います。

しっぽが切れたトカゲ

分類 有鱗目カナヘビ科
大きさ 15〜25㎝
分布 北海道〜南西諸島
時期 4〜11月

カナヘビ

出合い度 ★★★★★

名前はヘビだけれど、実はしっぽが長いトカゲ

民家の庭、畑など、日本全域で一番普通に見られるトカゲです。成体は体長が15〜25㎝ですが、その2／3から3／4を占める非常に長いしっぽが特徴です。白い縦線が入った茶色のカサカサしたうろこは、触るとざらざらしています。ぱっちりした目を持ち、比較的親しみやすい印象。昼間に活動し、日当たりの良い場所で日光浴をしている姿をよく見かけますが、夏には木陰や草むら、石や建物の隙間などで見られます。えさは、生きたコオロギやクモ、ハエなどです。

コラム

カナヘビの飼育（詳しくはP.226参照）

カナヘビは飼育が比較的簡単です。水槽の中に土を敷き、草や木を置きます。水分補給と湿気を保つための水場も必要です。えさは生きている昆虫が一番ですが、ペットショップに行けば専用のえさが売られています。定期的に日光浴もさせましょう。

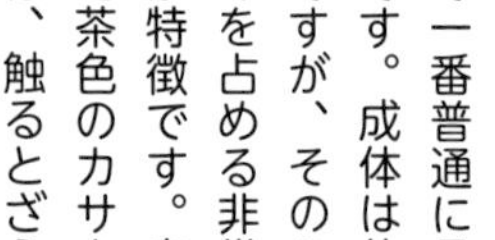

飼育中はすぐ近くで観察できる

分類　有鱗目ヤモリ科
大きさ　10～12㎝
分布　本州～九州
時期　4～10月

ヤモリ

害虫から家を守ってくれる守り神

出合い度 ★★★☆☆

イモリ（→P.235）と間違えることがありますが、イモリは水辺にいる両生類。ヤモリはは虫類です。都心の住宅やマンションの壁でも見られます。家の害虫を食べてくれる「家守」として昔から親しまれてきました。毒もなくおとなしい性格で、人に対しては臆病なので驚くと壁や窓をすばやく登って逃げていきます。夜行性で、昼間は壁の隙間などで休んでいます。ヤモリは灰色や褐色の皮ふを持ち、環境によって体の色の濃淡を変えることができます。

コラム

忍者のように窓ガラスを上るヤモリ

ヤモリはツルツルの窓ガラスでも天井でも張り付いて歩き回ります。ヤモリの指先には微細な毛があり、数億本あるといわれるその繊毛の先がヘラのように枝分かれし、壁やガラスのわずかな凹凸に引っかけて登ります。この繊毛は角度を変えるだけで簡単にはがせるので、自由に壁や天井を歩き回れるのです。

指先はこんな風になっている

生きもの観察を楽しむ

ニホンカナヘビを飼育してみよう

きちんと世話をすれば5～7年ほど生きるカナヘビ。飼育しては虫類の生態を観察してみましょう。

カナヘビを捕まえる

公園や庭などに生息しています。春と秋は、塀の上で日光浴をしている姿が見られますが、夏は日陰で休んでいることが多いようです。探す時間帯は午前中が良いでしょう。カナヘビの体がまだ温まっていないので動きが鈍く捕まりやすいです。

● 捕まえ方 ●

カナヘビの進行方向に手を置いて動きを止め、もう片方の手で、カナヘビを置いた手の方に追いやって手に乗せたら、胴体を優しくつかんで捕まえる。

飼育方法

● 必要なもの ●

- 飼育ケース（水槽）
- 赤玉土
- 木片
- 浅めのプラスチック皿
- 霧吹き
- えさ
（クモやコオロギ、バッタなど）

● 住む場所を整える ●

飼育ケースの底に赤玉土をひき、カナヘビの隠れ場所になる木片や水場用のプラスチック皿を置きます。

● お世話の仕方 ●

ケースの中を20～28℃にたもち、2～3日に一度えさをあげます。生きたえさしか食べませんが、ペットショップでも購入できます。飲み水は1日に一度、霧吹きでプラスチック皿に軽く吹きかける程度でOK。こまめに掃除もしましょう。

さんぽで出合える

両生類と水辺の生きもの

公園の池、湿地、静かな小川、
水を張った水田など、
水のある場所には
鳥や昆虫はもちろんのこと、
カエルや魚、ザリガニやタニシなど
いろいろな種類の
生きものが暮らしています。
水辺を散歩して豊かな生きものの世界を
眺めてみましょう。

両生類

水の中と陸の上、両方を生きる動物が両生類。場所を選べば、水の中にいるオタマジャクシから陸上で暮らすカエルに変わっていく姿を観察することもできます。

どこにいる？

- 湖や沼、公園の池。
- 小川や用水路、水田の周辺。
- イモリはきれいな川。

気を付けよう！

- 水の近くにはひとりでいかない。
- 捕まえた生きものを逃がすときは捕まえた場所で。
- 皮膚に毒をもつカエルがいるので、触った後は必ず手を洗う。

分類	カエル目アカガエル科
大きさ	40～85㎜
分布	北海道（岩見沢市周辺）、本州
時期	4～10月

トウキョウダルマガエル

トノサマガエルによく間違えられる

出合い度 ★★★☆☆

背中に1本線が入った見た目も似ていて、名前もよく知られているトノサマガエルと間違えられることが多いのですが、関東地方で見られるのはトノサマガエルではなくこのカエル。背中の黒点模様がはっきりしているのが違いです。じっとしているときの姿がずんぐりして、ダルマのように見えたのが名前の由来。水田や池、沼などに暮らし、4～7月の繁殖期になるとオスは縄張りを作って「ゲッゲッゲッ」とよく響く鳴き声でメスを呼び込みます。

コラム

ずるいカエル、スニーカー

スニーカーとは英語で「こそこそ動くもの」という意味。繁殖期のオスは大きな鳴き声でメスを自分の縄張りにおびき寄せますが、「スニーカー」と呼ばれるオスは自分の縄張りを持たず、別のオスの鳴き声で寄ってきたメスを横取りしてしまいます。

分類　カエル目アカガエル科
大きさ　11～18㎝
分布　北海道～南西諸島
時期　4～10月

ウシガエル

出合い度 ★★★☆☆

牛みたいに鳴く日本最大のカエル

「ウォーウォー」と大きな声で牛のように鳴く日本最大のカエル。１００年以上前に食用としてアメリカから輸入され、各地で養殖されていましたが、日本では食材として定着せず、けっきょく放置されたものが野生化しました。魚やザリガニなど水生の生きものはもちろん、昆虫や小型のほ乳類まで、口に入る生きものは何でも食べてしまいます。池や沼、水田や用水路に生息して、数キロ先でも聞こえる大きな声で鳴きますが、警戒心がとても強いので、なかなか姿は見られません。

コラム

カエルのジャンプ大会

カエルは後ろの足の筋肉が発達していて、自分の体の何倍も遠くまでジャンプすることができます。体の大きなウシガエルも一回で5m以上ジャンプします。アメリカではカエルジャンプの距離を競うコンテストが人気で、毎年各地で大会が開かれています。

人が脅かしてカエルをジャンプさせる
© Frank Schulenburg

分類　カエル目アカガエル科
大きさ　35〜67㎜
分布　本州〜九州
時期　4〜10月

ニホンアカガエル

早起きだけど二度寝するカエル

出合い度 ★★★☆☆

ほかのカエルが冬眠している1〜3月頃、いち早く起きて繁殖を行います。名前の通り、繁殖期にはオスのお腹が真っ赤になり、「キョッキョッキョッ」と小さな声でメスを呼びます。産卵場は水田や用水路、水たまりなど。メスは卵を産むと、落ち葉や泥の中に潜り5月ごろまで再び眠りにつきます。寒い時期に産卵する理由は、卵を狙う生きものが少ないためです。ただ冬期の乾燥化や生息地である水辺の環境の変化により個体数を減らしています。

観察ポイント

卵を観察してみよう

カエルの卵の形は種類によってさまざま。違いを観察してみましょう。

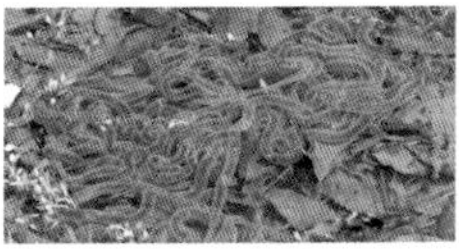

アズマヒキガエルの卵はひも状

モリアオガエルの卵は泡の中

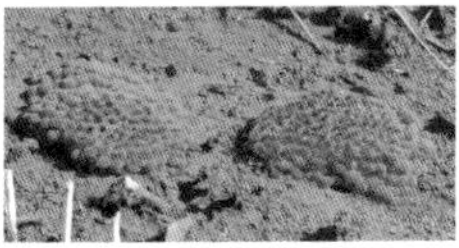

ニホンアカガエルの卵は塊状

分類	カエル目アマガエル科
大きさ	22～45㎜
分布	北海道～南西諸島
時期	3～11月

ニホンアマガエル

出合い度 ★★★★☆

かわいいけれど実は毒があるので要注意

公園や人家の庭、水田など身近な場所で見られる緑色の小さなカエル。体の色を環境によって変えることができ、土や枯れ葉の多い場所では茶色になります。繁殖時には水が必要ですが、それ以外の時期はもっぱら樹上で生活。指先の吸盤が発達しており、木登りが得意です。冬の間は地中で冬眠します。小さな昆虫や虫を食べますが、生きた（動く）ものしか食べません。体を守るために皮膚から分泌される物質には毒性があり、粘膜や傷口に付くと危険なので注意しましょう。

コラム

カエルの天気予報

カエルが鳴くのは繁殖期にオスがメスに自分の存在を知らせるため。ところがアマガエルは名前のとおり、繁殖期でなくても雨が降りそうになると鳴きます。気圧や湿度に敏感なのでしょう。外で「クワックワックワッ」という鳴き声が聞こえてきたら雨にご用心。

のどの袋を膨らませて鳴くニホンアマガエルのオス

分類　カエル目ヒキガエル科
大きさ　6〜18㎝
分布　北海道〜本州
時期　3〜10月

アズマヒキガエル

春になると「ガマ合戦」を繰り広げる

出合い度 ★★☆☆☆

ガマガエルとも呼ばれ、背中にイボがあるこげ茶色の大きなカエル。夜行性で、日中は石の陰や植え込みの中などにいます。3月中旬〜4月の初旬頃、冬眠から目覚めると池などの産卵場所に集まり、オスがメスを奪い合います。これは「ガマ合戦」と呼ばれ、メス1匹に対してオス3匹が争う、なんとも熾烈な戦いです。メスは5mものひも状の卵(→P.231)を2本産卵します。ふ化したオタマジャクシは体が真っ黒で、短期間でオタマジャクシから小さなカエルになることで知られています。

コラム

小さな子ガエル

体長15cmを超える大きなアズマヒキガエルですが、カエルの姿になって水から陸に上がるときは1cmにも満たない小さな体です。これは狭い水たまりでも繁殖できるように、卵からオタマジャクシをへてカエルになるまでの期間がとても短いからです。

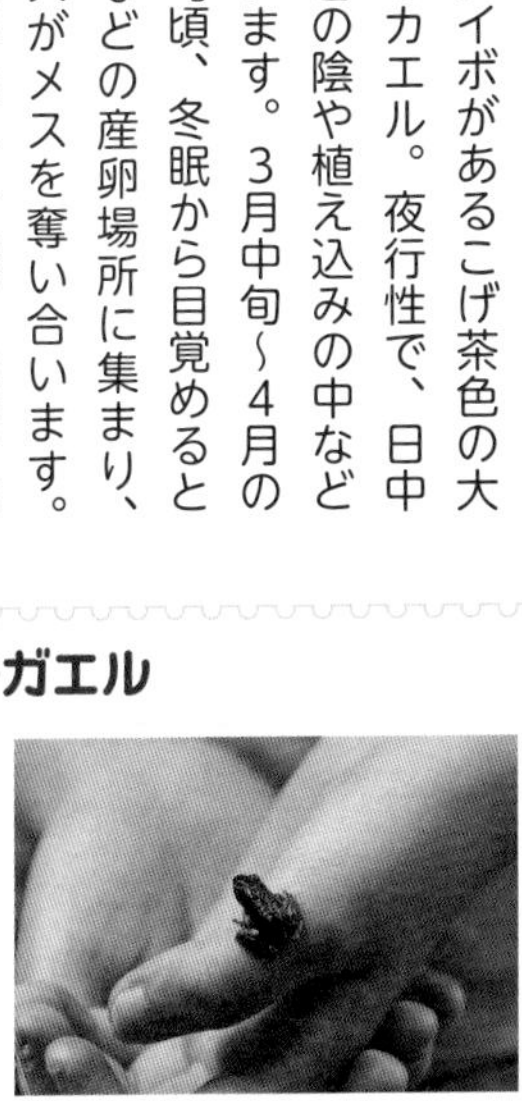

陸に上がるときはこれよりさらに小さく半分以下

分類　カエル目アカガエル科
大きさ　30〜60㎜
分布　本州〜南西諸島
時期　4〜11月

ヌマガエル

出合い度 ★★★☆☆

オタマジャクシは夏の暑さにも耐える

人の手で関東地方に持ち込まれ、分布が急拡大しています。茶褐色の体に黒いまだら模様が入っており背中にイボが見られます。個体により、口からおしりにかけて白い線があるものも。水田、沼、川などの水辺に住み、稲刈り後に農道で多く見られます。繁殖期が4〜8月と長いのは、オタマジャクシが40度以上の水温に耐えられるからです。地味な見た目とは裏腹に、オスは「ギュアギュアギュア」と高くてにぎやかな声でメスにアピールします。

コラム

たくさんの卵を産むカエル

カエルは一度に何千個もの卵を産みます。それがオタマジャクシになりますが、実際にカエルとなって成長できるのはそのなかのほんの数パーセント。ほとんどがカエルになる前に敵に襲われて食べられてしまうのです。つまりたくさん卵を産んでおかないと、種として生き残ることができないのです。

オタマジャクシを捕まえたチュウサギ

分類	有尾目イモリ科
大きさ	オス7～11㎝　メス8～14㎝
分布	本州～九州
時期	4～10月

アカハライモリ

湧水や山間部のきれいな水辺に生息する

出合い度 ★★☆☆☆

ヤモリ（→P.225）とイモリは似た名前ですが、ヤモリはは虫類でイモリは両生類。このアカハライモリは日本の固有種です。名前のとおり、お腹が赤いのが特徴で、この赤い色は自分が毒をもっていることを敵に知らせる警戒色（けいかいしょく）です。水田や沼、川に生息しますが、都市周辺の汚れた水では生きることができません。水生昆虫がおもなえさ。寒さに弱いので気温が下がってくると、陸に上がり土に潜って冬眠をします。

コラム

驚くべき再生能力

トカゲはしっぽを切っても再生されることは知られていますが、再生されたしっぽには骨がありません。ところがイモリはしっぽを切られても、骨も再生されて元通りになります。さらに驚くべきはしっぽだけでなく、脚を切られても指先まで完全に再生し、目のレンズも再生されることがわかっています。

分類　有尾目サンショウウオ科
大きさ　8～13㎝
分布　本州
時期　4～11月

トウキョウサンショウウオ

出合い度
★☆☆☆☆

森林開発で生息域が狭められている生きもの

水の中に卵を産み、成長して陸に上がってからは単独で広葉樹の森で暮らし、2～4月頃になると水辺に集まり産卵します。昼間は土の中の穴でじっとしていて、夜になると行動します。昆虫やミミズがおもなえさ。成長すると10㎝以上になりますが、全身が茶色や黒で、夜行性ということもあり、産卵期以外野生の姿を見ることはめったにありません。人間の生活圏の近くに生息することが災いして、住宅地やゴルフ場の開発などで森林や産卵場所が少なくなり、個体数が減少しています。

コラム

長寿で知られるサンショウウオ

ゆっくり成長するサンショウウオの仲間は長生き。特別天然記念物になっているオオサンショウウオは野生で10年以上、飼育されたものは50年以上生きるといわれています。トウキョウサンショウウオも、飼育下で30年以上生きたという記録が残されています。

世界最大級の両生類オオサンショウウオ

水辺の生きもの

上流から下流まで、同じ川でも場所によって住む生きものが違うのが、水辺の観察のおもしろいところ。流れの中だけでなく、川や沼の底にもいろいろな生きものの世界があります。

どこにいる？

- 流れがおだやかなところ。
- 水草の茂みの中や石の下。
- 川辺の草の陰。

気を付けよう！

- 水の近くにはひとりでいかない。
- ひとりで川に入らない。
- 捕まえた生きものを逃がすときは捕まえた場所で。

分類　ダツ目メダカ科
大きさ　35～40㎜
分布　本州～南西諸島
時期　通年

メダカ

出合い度 ★★★☆☆

日本各地のメダカの学校は今や絶滅危機

かつては流れの穏やかな小川や水路、水田などで普通に見られていましたが、環境の変化やカダヤシ（次ページ）などの外来種の影響で個体数が減少し、現在は絶滅が心配されています。えさは蚊の幼虫（ボウフラ）などの水中の小動物。普通春から夏にかけて産卵し、寿命は1年ほどです。野生のメダカの絶滅が心配されている一方で、飼育しやすい魚なので鑑賞用のメダカは豊富。ただ人工的に遺伝子を組み替えたものなどが存在していて、自然に放流すると、新たな問題が発生します。

観察ポイント

メダカとカダヤシの見分け方

メダカにとてもよく似た魚カダヤシ。大きさもあまり変わらないので、間違えることが多いのですが、簡単に見分ける方法があります。それは尾びれのふちの形。メダカはまっすぐになっていますが、カダヤシは丸みをおびています。

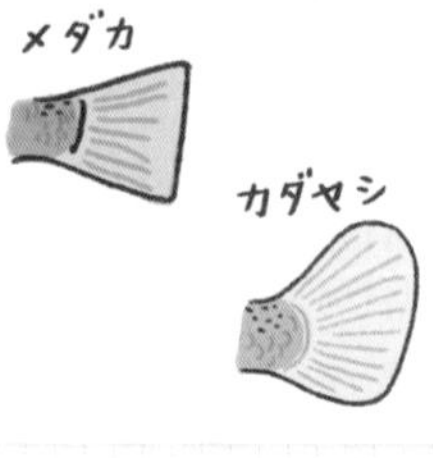

分類　カダヤシ目カダヤシ科
大きさ　30〜50㎜
分布　本州〜南西諸島
時期　通年

カダヤシ

メダカとよく似たアメリカ産の外来種

出合い度
★★★☆☆

メダカによく似ていますが北米原産の外来魚。「蚊絶やし」という名前のとおり、ボウフラを駆除するために各地に放流され、日本各地の淡水に生息します。ただ水温が低いと生きられないので、日本の北部ではあまり見られません。水質汚染に強いうえ、環境への適応力が高く、さらにメダカの卵を食べてしまうのでメダカ減少の原因のひとつとされています。カダヤシは卵胎生。メダカのように卵を産み付けるのではなく、メスのお腹の中で卵がふ化し、子どもがお腹からでてきます。

コラム

困った外来魚

カダヤシがメダカ減少の原因になったように、本来の生息場所でない所に違う所の魚を放流するといろいろ問題が発生します。これは海外から導入した魚に限らず、メダカなどの日本国内にいる魚でも同じ。各地で在来魚保護のために、外来魚を駆除しています。

代表的な外来魚ブルーギル

分類　コイ目コイ科
大きさ　15～40㎝
分布　北海道～南西諸島
時期　通年

フナ

出合い度 ★★★★☆

各地で郷土料理にもなっている魚

日本の淡水魚の代表で、釣りの魚としても人気。ひとくちにフナといっても、多様な場所にたくさんの種類がいて、その名前も多様。おもに植物性のプランクトンを食べるものと、なんでも食べる雑食性のものがいます。分類上はコイの仲間ですが、コイのような口ひげはありません。昔から日本人の生活にもっとも身近な魚で、食用として捕獲されてきました。強い生命力で、河川や湖、沼など淡水域であればどこでも暮らすことができ、多少汚れた河川にも生息しています。

コラム

金魚もフナの一種

鑑賞魚として最も身近な魚が金魚。さまざまな色と形で人々の目を楽しませています。実はこの金魚もフナの一種です。突然変異したフナを選んで人工的に交配させたもので、品種改良によって色や形、大きさが異なるたくさんの金魚を作りだしてきました。

たくさんの種類がいる美しい観賞魚

分類 コイ目コイ科
大きさ 8～10㎝
分布 北海道～南西諸島
時期 通年

モツゴ

別名の「クチボソ」のほうが知られているかも

出合い度 ★★★★☆

クチボソとも呼ばれており、河川や用水路、公園の池など、淡水域のさまざまな場所に生息しています。環境変化に強く、やや汚れた水質の場所でも生きていけます。雑食性で、蚊の幼虫（ボウフラ）や小型の水生昆虫、水中の藻なども食べます。自分の縄張りを守るために、激しくほかのオスと争いますが、メスが産み付けた卵がふ化するまで付きっきりで世話するという面も。フナ同様に昔から食用の魚で、佃煮や甘露煮の材料として使われています。

コラム

ややこしい魚の名前

関東周辺では「クチボソ」といえばモツゴのことですが、「クチボソ」は日本各地で違う魚を指すことがあります。瀬戸内海や日本海側のいくつかの県では海水魚のマコガレイを「クチボソ」と呼びますし、近畿地方ではコイ科のムギツクという魚が「クチボソ」。地方によってはメダカやウナギを「クチボソ」と呼ぶことがあるそうです。

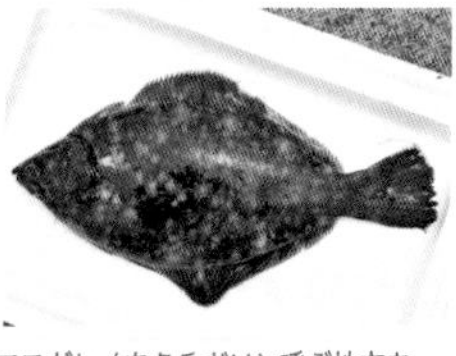

マコガレイをクチボソと呼ぶ地方も

分類 コイ目ドジョウ科
大きさ 10～20㎝
分布 北海道～南西諸島
時期 通年

ドジョウ

出合い度 ★★★★☆

かつては全国の水田で見られた人気者

大きさも形も違いますがコイの仲間。円筒形の体をくねくね動かして川や水路、池の底を泳ぎます。雑食性で、ユスリカの幼虫やイトミミズがおもな食べ物。普段はえらや皮膚で呼吸しますが、水中の酸素が不足すると水面に出て口から空気を吸い腸から酸素を取り込みます。昔は全国の水田で見られましたが、農薬の過剰使用や土地改良により数が減少しています。野生の数は減っていますが、観賞魚として人気で飼育されたものが全国に流通しています。

コラム

ドジョウのひげは何のため？

ドジョウには口のまわりに10本のひげがあり、仲間であるコイにもひげがあります。このひげはたくさんの神経細胞が集まる感覚器官で、触れたものが何かがわかります。濁った水の底でもえさを探すことができる、ドジョウにとって大切なものです。ちなみにひげの本数はドジョウの種類によって異なり、6本や8本のものもいます。

ひげで味や匂いを感じることもできる

分類　エビ目アメリカザリガニ科
大きさ　8～12㎝
分布　北海道～南西諸島
時期　通年

アメリカザリガニ

汚れた水でも増殖するタフな生きもの

出合い度 ★★★★☆

名前からして外来種であることがわかります。もともと外来種のウシガエル（→P.230）のえさとして輸入されたもので、繁殖力が強く、汚れた水でも生息できるので、逃げ出した個体が全国に広まりました。水田、用水路、池などの底にある落葉や泥の中に生息し、流れの強い川では見られません。水中だけでなく、体が濡れていれば陸上で活動することも。水草や魚、水生昆虫などなんでも食べる雑食性で、湖沼の水草の食害が大きな問題になっています。

コラム

ザリガニの捕まえ方

用意するものは木の棒とタコ糸などのじょうぶな糸、えさだけ。棒の先に糸を結び付け、糸の先にくくりつけます。えさはスルメや魚のひもの、ソーセージなど動物性のものなら何でもOK。えさをゆっくり近づけ、ザリガニが食いつくのを待ちます。ハサミでえさをつかんだら、あとは静かに糸を引き上げるだけです。

分類　エビ目サワガニ科
大きさ　20〜30㎜
分布　本州〜南西諸島
時期　4〜11月

サワガニ

出合い度
★★☆☆☆

きれいな水にしか住まない淡水のカニ

山間部のきれいな小川や渓流で見られる、生まれて死ぬまで淡水域で暮らす唯一のカニです。昼間は活動せず、夜になると動き出します。藻や水生の昆虫、陸上のミミズやカタツムリなど、なんでも食べる雑食性。活動するのは春から秋で、冬は冬眠します。海にいるカニは、卵からふ化したときは小さなプランクトンでだんだんとカニになりますが、サワガニは卵のなかで大きくなって、ふ化するときはすでにカニ姿になっています。寿命は意外に長く、10年近く生きるものもいるようです。

コラム

サワガニで知る水質

国土交通省と環境省は日本の川の水質を、どんな生きものがいるかで1〜4のランク付けしています。サワガニはランク１の「きれいな水」で見られる生きもの。これまでいなかった川にサワガニが見られるようになったなら、川がきれいになった証拠です。

きれいな渓流でサワガニを探してみよう

分類	エビ目テナガエビ科
大きさ	35～55㎜
分布	北海道～南西諸島
時期	通年

スジエビ

食用にもなっている美しいエビ

出合い度 ★★★☆☆

透き通った体に黒いすじがあるきれいなエビ。川や湖沼の淡水域に住んでいます。生息域が重なるヌマエビは大きさも同じくらいで間違いやすいですが、黒いすじがあるのですぐに見分けられます。昼間は石の下や水草の陰でじっとしていて、夜間に活動します。冬眠はしないので通年見られます。水生昆虫や貝、小さな魚などを食べ、同時にコイやフナ、カワセミなどのえさになっています。また「川えび」として普通に食用にされており、唐揚げや佃煮にされることが多いようです。

コラム

スジエビを捕まえる仕掛け

ペットボトルで仕掛けを作ってスジエビを捕まえてみましょう。全体の３分の１くらいのところでカットして、注ぎ口が中に入るように逆さにしてくっつけます。下部には小さな穴をあけて、中にえさとなるスルメなどを入れれば完成です。

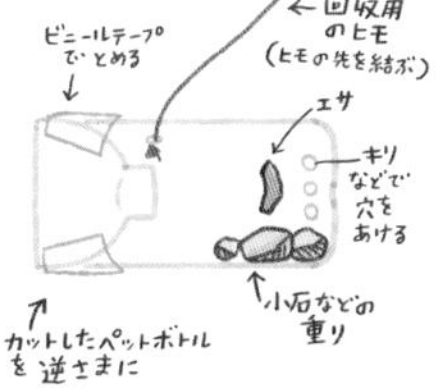

分類 イシガイ目イシガイ科
大きさ 10〜20㎝
分布 北海道〜南西諸島
時期 通年

ドブガイ

出合い度 ★★★★★

残念な名前だけれどきれいな環境を好む

ほとんど泥に潜っていて、色も黒っぽく目立たないため身近にいる生きもののイメージはありませんが、全国の淡水域に広く生息している二枚貝です。名前から汚れた水に生息しているように思えますが、ゆるやかな流れの川や用水路、沼の底の泥にいて、水中を漂うプランクトンをえさにしています。護岸工事などによる、生息環境の悪化で、その個体数は減少しています。条件のよいところに生息しているものは、15年以上生きることもあります。

コラム

タナゴの産卵場

タナゴのメスはドブガイに産卵管を差し込み、えらに卵を産み付けます。するとすかさず、近くでオスが放精して貝の中で受精します。卵はドブガイの体内で外敵に襲われることなくふ化し、ある程度成長してから外にでてきます。環境の悪化によりドブガイの数が減少しており、タナゴも数が減っています。

二枚貝に産卵するバラタナゴ

分類	イシガイ目イシガイ科
大きさ	5～9㎝
分布	本州～九州
時期	通年

イシガイ

殻のふちは刃物のようにするどいので注意

出合い度 ★★☆☆☆

ドブガイ(→P.246)とほぼ生息域が同じで、色も形もよく似ていますが、丸に近い形のドブガイに対して、長細く小さいのがイシガイです。またドブガイは泥に埋もれていますが、イシガイは砂や小石がある水底に生息しています。日本の淡水の二枚貝は生育年により大きさは異なりますが、色や形は似たものが多く、ひとまとめに「イシガイ」あるいは「カラスガイ」と呼ばれることも。イシガイは日本固有種で、流れの緩い河川や農業用水路などで見られます。

コラム

持ちつ持たれつ貝と魚

タナゴはドブガイを産卵場所として利用していますが（→P.246)、ドブガイやイシガイも魚を利用しています。ふ化した二枚貝の幼生（貝の子ども）は魚のヒレに寄生し、魚の栄養を吸って大きくなります。その後、魚から離れて水の底で暮らします。

分類　原始紐舌目タニシ科
大きさ　45～60㎜
分布　北海道～南西諸島
時期　通年

マルタニシ

出合い度
★★☆☆☆

数を減らしつつある食用の巻貝

古くから食用とされてきた淡水の巻貝。石についた藻や水底に溜まった有機物がおもな食べ物で、貝殻の開いた部分（殻口といいます）にフタをすることで、低温や乾燥から身を守って越冬することができます。寿命は5年以上といわれています。昔は水田や小川、用水路などで普通に見られましたが、今は数を減らし絶滅が心配されています。水温の変化や乾燥には泥に潜って耐えることができますが、農薬の影響による水質の悪化や生育環境の変化が個体数を減らす原因です。

コラム

水辺の厄介者ジャンボタニシ

南米が原産地で養殖用に輸入されたものが野生化したジャンボタニシ（スクミリンゴガイ）がイネの食害を起こして深刻な問題になっています。マルタニシよりもひと回り大きなサイズのこの貝は、雑食性で繁殖力があり、現在分布を拡大しています。

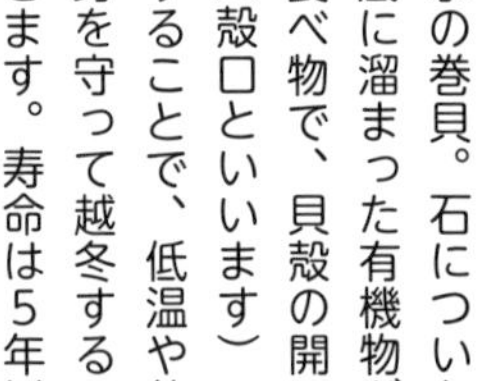

ピンク色をしたジャンボタニシの卵には毒がある

生きもの観察を楽しむ

カエルを飼育してみよう

えさを取る様子やオタマジャクシからカエルにかわる過程が観察できます。

カエルを飼育してみよう

● 必要なもの ●

- 飼育ケース
- 土
- 水入れ
- 観葉植物
- 木の枝

● 住む場所を準備しよう ●

カエルが脱走しないように、風通しの良いフタがある飼育ケースを選びましょう。底に土をしき、隠れ場所となる観葉植物や水浴びに必要な水入れを置きます。ニホンアマガエルの場合、木登りが得意なので、木の枝を入れてあげると喜びます。

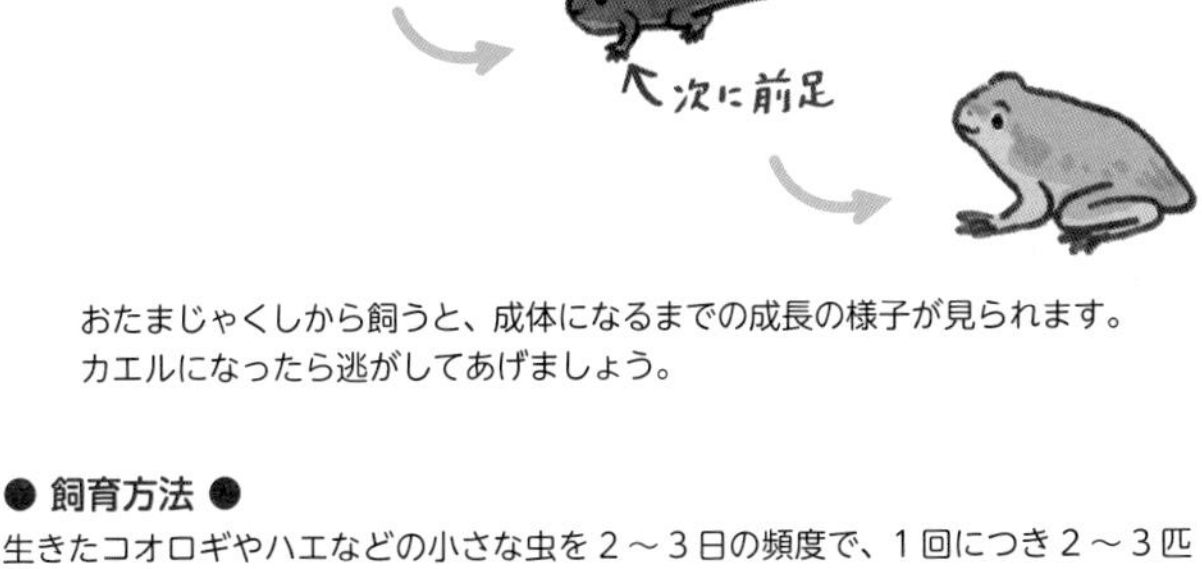

おたまじゃくしから飼うと、成体になるまでの成長の様子が見られます。
カエルになったら逃がしてあげましょう。

● 飼育方法 ●

生きたコオロギやハエなどの小さな虫を2～3日の頻度で、1回につき2～3匹与えましょう。水入れには常に水をはり、空気の乾燥がひどい時は霧吹きで水をかけます。水入れやケースの中は数日に一度掃除が必要です。

索引

※ 見つけた生きものを ☑ チェックしましょう。

ア

□ アオサギ（鳥）……60
□ アオジ（鳥）……48
□ アオスジアゲハ（昆虫）……82
□ アオダイショウ（は虫類）……219
□ アオバハゴロモ（昆虫）……155
□ アオマツムシ（昆虫）……99
□ アカゲラ（鳥）……46
□ アカスジキンカメムシ（昆虫）……156
□ アカタテハ（昆虫）……108
□ アカハライモリ（両生類）……235
□ アキアカネ（昆虫）……175
□ アズマヒキガエル（両生類）……233
□ アズマモグラ（ほ乳類）……214
□ アブラコウモリ（ほ乳類）……211
□ アブラゼミ（昆虫）……98
□ アミメアリ（昆虫）……96
□ アメリカザリガニ（水辺の生きもの）……243
□ アメリカシロヒトリ（昆虫）……90
□ アメンボ（昆虫）……183
□ アリグモ（クモ）……193

イ

□ イシガイ（水辺の生きもの）……247
□ イシガメ（は虫類）……218
□ イソシギ（鳥）……55

ウ

□ ウグイス（鳥）……47
□ ウシガエル（両生類）……230
□ ウスバカゲロウ（昆虫）……166
□ ウスバキトンボ（昆虫）……178

エ

□ エゴツルクビオトシブミ（昆虫）……165
□ エサキモンキツノカメムシ（昆虫）……158
□ エナガ（鳥）……44
□ エンマコオロギ（昆虫）……112

オ

□ オオカマキリ（昆虫）……131
□ オオスカシバ（昆虫）……88
□ オオスズメバチ（昆虫）……145
□ オオタカ（鳥）……50
□ オオバン（鳥）……68
□ オオヒラタシデムシ（昆虫）……141
□ オオミズアオ（昆虫）……87
□ オオミノガ（昆虫）……163
□ オオヨシキリ（鳥）……52
□ オカダンゴムシ（その他の生きもの）……201
□ オシドリ（鳥）……72
□ オジロアシナガゾウムシ（昆虫）……144
□ オナガ（鳥）……28
□ オナガガモ（鳥）……70
□ オニグモ（クモ）……187
□ オニヤンマ（昆虫）……170
□ オンブバッタ（昆虫）……113

カ

□カイツブリ（鳥）……64
□カダヤシ（水辺のいきもの）……239
□カナブン（昆虫）……139
□カナヘビ（は虫類）……224
□カネタタキ（昆虫）……100
□カノコガ（昆虫）……111
□カブトムシ（昆虫）……135
□カルガモ（鳥）……69
□カワウ（鳥）……63
□カワセミ（鳥）……62
□カワラヒワ（鳥）……34

キ

□キイロスズメバチ（昆虫）……92
□キジ（鳥）……37
□キジバト（鳥）……23
□キタキチョウ（昆虫）……106
□キタテハ（昆虫）……107
□ギンヤンマ（昆虫）……171

ク

□クサガメ（は虫類）……217
□クサギカメムシ（昆虫）……157
□クサグモ（クモ）……189
□クビキリギス（昆虫）……116
□クマゼミ（昆虫）……148
□クマバチ（昆虫）……129
□クロイトトンボ（昆虫）……179
□クロヤマアリ（昆虫）……95

ケ

□ゲンジボタル（昆虫）……181

コ

□コアオハナムグリ（昆虫）……138
□コアジサシ（鳥）……66
□ゴイサギ（鳥）……61
□コガネグモ（クモ）……185
□コカマキリ（昆虫）……132
□コクワガタ（昆虫）……137
□コゲラ（鳥）……45
□コサギ（鳥）……59
□コシアキトンボ（昆虫）……177
□コチドリ（鳥）……56
□コチャバネセセリ（昆虫）……160
□コバネイナゴ（昆虫）……118
□コフキゾウムシ（昆虫）……143
□コブハクチョウ（鳥）……73
□ゴミグモ（クモ）……188

サ

□サトキマダラヒカゲ（昆虫）……162
□サワガニ（水辺の生きもの）……244

シ

□シオカラトンボ（昆虫）……172
□シオヤアブ（昆虫）……124
□シオヤトンボ（昆虫）……173
□ジグモ（クモ）……190
□シジュウカラ（鳥）……42
□シマハナアブ（昆虫）……125
□シマヘビ（は虫類）……220
□ジャコウアゲハ（昆虫）……84
□ジョウビタキ（鳥）……39
□ショウリョウバッタ（昆虫）……114
□ジョロウグモ（クモ）……186
□シロオビアワフキ（昆虫）……153
□シロスジカミキリ（昆虫）……142

ス

□スジエビ（水辺の生きもの）……245
□スジグロシロチョウ（昆虫）……104
□スズメ（鳥）……21

セ

□セイヨウミツバチ（昆虫）……128
□セッカ（鳥）……53
□センチコガネ（昆虫）……123

タ

□ダイサギ（鳥）……57
□タヌキ（ほ乳類）……212
□タマバエ（昆虫）……130
□タマムシ（昆虫）……140

チ

□チャドクガ（昆虫）……89
□チャバネアオカメムシ（昆虫）……154
□チュウサギ（鳥）……58
□チュウレンジハバチ（昆虫）……94
□チョウゲンボウ（鳥）……40

ツ

□ツクツクボウシ（昆虫）……150
□ツグミ（鳥）……38
□ツバメ（鳥）……24
□ツマグロオオヨコバイ（昆虫）……152
□ツマグロヒョウモン（昆虫）……86

ト

□トウキョウサンショウウオ（両生類）……236
□トウキョウダルマガエル（両生類）……229
□ドジョウ（水辺の生きもの）……242
□トノサマバッタ（昆虫）……115
□ドバト（カワラバト）（鳥）……22
□トビ（鳥）……31
□ドブガイ（水辺の生きもの）……246

ナ

□ナガサキアゲハ（昆虫）……83
□ナツアカネ（昆虫）……174

□ナナフシ（昆虫）……164
□ナナホシテントウ（昆虫）……119
□ナミアゲハ（昆虫）……81
□ナミテントウ（昆虫）……120
□ナミニクバエ（昆虫）……97
□ナメクジ（その他の生きもの）……198

ニ

□ニイニイゼミ（昆虫）……147
□ニホンアカガエル（両生類）……231
□ニホンアマガエル（両生類）……232
□ニホンミツバチ（昆虫）……127
□ニワハンミョウ（昆虫）……121

ヌ

□ヌマガエル（両生類）……234

ネ

□ネコハエトリ（クモ）……192

ノ

□ノウサギ（ほ乳類）……213
□ノコギリクワガタ（昆虫）……136
□ノシメトンボ（昆虫）……176

ハ

□ハクセキレイ（鳥）……54
□ハグロトンボ（昆虫）……180
□ハサミムシ（昆虫）……101
□ハシビロガモ（鳥）……71
□ハシブトガラス（鳥）……29
□ハシボソガラス（鳥）……30
□ハナグモ（クモ）……191
□ハラヒシバッタ（昆虫）……117
□ハラビロカマキリ（昆虫）……133
□バン（鳥）……65

ヒ

□ヒカゲチョウ（昆虫）……159
□ヒガシニホントカゲ（は虫類）……223
□ヒグラシ（昆虫）……149
□ヒダリマキマイマイ（その他の生きもの）……197
□ヒバリ（鳥）……33
□ヒメアカタテハ（昆虫）……109
□ヒメウラナミジャノメ（昆虫）……161
□ヒヨドリ（鳥）……27
□ヒロヘリアオイラガ（昆虫）……91

フ

□フタモンアシナガバチ（昆虫）……93
□フナ（水辺の生きもの）……240

ヘ

□ヘイケボタル（昆虫）……182
□ベニシジミ（昆虫）……110

ホ

□ホオジロ（鳥）……35
□ホソヒラタアブ（昆虫）……126

マ

□マメコガネ（昆虫）……122
□マムシ（は虫類）……222
□マルタニシ（水辺の生きもの）……248

ミ

□ミシシッピアカミミガメ（は虫類）……216
□ミスジマイマイ（その他の生きもの）……196
□ミミズ（その他の生きもの）……195
□ミンミンゼミ（昆虫）……151

ム

□ムカデ（その他の生きもの）……199
□ムクドリ（鳥）……25

メ

□メジロ（鳥）……26
□メダカ（水辺の生きもの）……238

モ

□モズ（鳥）……36
□モツゴ（水辺の生きもの）……241
□モンキチョウ（昆虫）……105
□モンシロチョウ（昆虫）……103

ヤ

□ヤスデ（その他の生きもの）……200
□ヤマカガシ（は虫類）……221
□ヤマガラ（鳥）……43
□ヤマトシジミ（昆虫）……85
□ヤマトシリアゲ（昆虫）……168
□ヤモリ（は虫類）……225

ユ

□ユリカモメ（鳥）……67

ヨ

□ヨコヅナサシガメ（昆虫）……146
□ヨツボシクサカゲロウ（昆虫）……167

ル

□ルリビタキ（鳥）……49

ワ

□ワラジムシ（その他の生きもの）……202

[監修]

NPO法人自然観察大学

唐沢孝一　NPO法人自然観察大学学長
浅間　茂　NPO法人自然観察大学副学長
鈴木信夫　NPO法人自然観察大学講師

■NPO法人自然観察大学について

“楽しみながら自然観察の視点を身につけよう”という目的のNPO法人。

(法で定められた大学ではありません)

2002年度から活動を開始し、2010年にNPO法人となる。

約10名の講師陣が、植物、野鳥、昆虫、クモ、アブラムシなどの各専門分野についての話題を提供し、自然を観察する視点の大切さ、面白さ、楽しさを伝える活動を行っている。年3回の定例野外観察会、年2回の室内講習会などを実施。


観察会や講習会にはどなたでも参加いただけます。

詳しくはホームページをご覧ください。

募集案内や観察会レポートなどの活動内容と講師陣を紹介しています。

自然観察大学ホームページ
https://sizenkansatu.org/

日本自然保護大賞 2019 入選

自然観察大学の活動は自然保護大賞2019に入選しました。

野外観察会では、講師と一緒に自然観察を楽しみます。

[主な参考文献]

『野外観察ハンドブック 校庭の昆虫』田仲義弘・鈴木信夫共著（全国農村教育協会）/『野外観察ハンドブック 校庭の野鳥』唐沢孝一著（全国農村教育協会）/『たのしい自然観察 野鳥博士入門』唐沢孝一著（全国農村教育協会）/『野外観察ハンドブック 改訂校庭のクモ・ダニ・アブラムシ』浅間茂・石井規雄・松本嘉幸共著（全国農村教育協会）/『水辺の生きもの トンボ・カエル・メダカの世界』浅間茂・田中正彦・柄澤保彦・岩瀬徹共著/『学研の図鑑LIVE ポケットasobi自然観察』（学研プラス）/『自然散策が楽しくなる!日本の生きもの図鑑』成島悦男、多摩六都科学館監修（池田書店）/『ひと目で見分ける420種　親子で楽しむ身近な生き物ポケット図鑑』久保田修著（新潮社）/ウエブサイト：日本の鳥百科（https://www.suntory.co.jp/eco/birds/encyclopedia/）ほか

[STAFF]

編　集	オフィス・ポストイット（永岡邦彦、牧岡明日香）
編集協力	岩間由起、土屋朋代、横田麻希
写真提供	PIXTA Photolibrary NPO法人自然観察大学
イラスト	あらいのりこ
デザイン	エメ龍夢、東京100ミリバールスタジオ（松田剛、伊藤駿英）
校　正	くすのき舎

子どもと一緒に見つける
身近な生きものさんぽ図鑑

2021年4月10日　第1刷発行
2023年3月10日　第4刷発行

監修者	NPO法人自然観察大学
発行者	永岡純一
発行所	株式会社永岡書店 〒176-8518　東京都練馬区豊玉上1-7-14 代表☎ 03（3992）5155 編集☎ 03（3992）7191
印刷・製本	大日本印刷

ISBN978-4-522-43893-0 C2045